Die

Statik der Gewölbe

mit Rücksicht auf ihre Anwendung

entworfen

von

K. W. Knochenhauer,
Director der Realschule in Meiningen.

Mit zwei Figurentafeln.

Berlin,
gedruckt und verlegt bei G. Reimer.
1842.

Vorwort.

Das Kapitel in dem Handbuch der Statik von Eytelwein, welches die Gewölbe behandelt, umfafst bekanntlich nicht das ganze Gebiet und geht auch grade bei den Konstruktionen, welche gewöhnlich vorkommen, von zu umständlichen Formeln aus, als dafs nicht die Uebersicht über das Ganze erschwert werden sollte. Da mir die dadurch vorhandene Lücke in der Darstellung der Statik durch die spätern Arbeiten über denselben Gegenstand noch nicht in der Weise ausgefüllt zu sein schien, dafs eine wiederholte Behandlung nach einem ähnlichen Plane, wie ihn Eytelwein in seinem Handbuche verfolgt hat, überflüssig geworden wäre, so habe ich die nachfolgenden Untersuchungen gleichsam als eine Umarbeitung des erwähnten Kapitels zusammengestellt. Andere mögen beurtheilen, wieweit ich meinem Ziele nachgekommen bin; ich bin mir wenigstens bewufst keine Mühe gescheut zu haben, um die bei einer durchgehend in sich übereinstimmenden Behandlung auftretenden Schwierigkeiten zu überwinden. An diejenigen, welche die Resultate der Theorie mit der Erfahrung zusammenstellen wollen, richte ich die Bitte, nicht Einzelnes mit Einzelnem zu vergleichen, denn da möchte hier, wo so vieles bei der Berechnung nicht in Anschlag gebracht werden kann, kaum eine vollständige Befriedigung zu hoffen sein; vielmehr mögen sie so, wie ich versucht habe die Ergebnisse der Theorie bei den verschiedenen Gewölben zu vergleichen, auch die Ergebnisse der Erfahrung einander gegenüberstellen und dann aus dem Ganzen ihren Schlufs über den Werth einer wissenschaftlichen Auffassung dieses Gebietes herleiten.

Meiningen, den 24sten November 1841.

K. W. Knochenhauer.

I. Abschnitt.

Statik der Tonnengewölbe, ohne Rücksicht auf Reibung.

§. 1.

Vorbemerkungen.

Bei einem Tonnengewölbe, wo über zwei gewöhnlich zu einander parallele Mauern, Widerlagen, eine gebogene Decke gespannt ist, deren einzelne Steine, abgesehen von dem sie bindenden Mörtel, allein durch die Pressungen gegen einander und auf die Widerlagen in Ruhe bleiben sollen, kommt es bei der Angabe der zum Gleichgewichte erforderlichen Bedingungen nur selten auf eine bestimmte Länge des Gewölbes an, in den meisten Fällen darf jeder Querschnitt von beliebiger Breite oder jeder einzelne Bogen für sich betrachtet werden, und dann müssen in ihm die nothwendigen Bedingungen zum Gleichgewichte erfüllt sein. — Die Untersuchung über diesen Gegenstand zerfällt in zwei Abschnitte; es läſst sich einmal die Form ermitteln, welche man dem Bogen zu geben hat, damit die einzelnen Steine desselben ohne Einfluſs der Reibung vollkommen im Gleichgewichte stehen und hierbei die nothwendige Stärke der Widerlage berechnen; zweitens kann man die auf einen beliebig gewählten Gewölbbogen einwirkenden Kräfte bestimmen, mit Rücksicht auf die Reibung die Erfordernisse zu einem gesicherten Stand desselben aufsuchen und unter den so gegebenen Bedingungen nach der Stärke der Widerlage fragen. Der erste Theil behandelt die Tonnengewölbe mehr von ihrer rein theoretischen Seite, der andere mehr in Bezug auf die in der Praxis vorkommenden Formen.

§. 2.

Bedingungen für das Gleichgewicht mehrerer in einen Bogen gestellter Stäbe.

Es seien Fig. 1. die graden beliebig langen Stäbe AB, BC, CD, DE . . . in einen Bogen gestellt, dessen ein Ende, das obere, sich gegen die senkrechte Wand AG lehnt, und dessen unteres Ende in H auf fester Unterlage aufsteht. Man nehme an, dafs diese Stäbe aus homogener, aber in Vergleich zu einander aus specifisch beliebig schwerer Masse gebildet sind, also dafs die Schwere jedes derselben mit seiner Länge proportional wächst und ihre Schwerpunkte S, S', S'', S''' . . . . in ihrer Mitte liegen, so wirken auf den Bogen AH senkrecht nach unten die Kräfte $\frac{1}{2}S$ in A nach AG, $\frac{1}{2}(S+S')$ in B nach $B\beta$, $\frac{1}{2}(S'+S'')$ in C nach $C\gamma$, $\frac{1}{2}(S''+S''')$ in D nach $D\delta$ . . . ., und es läfst sich ohne Weiteres diejenige Stellung der Stäbe angeben, in welcher sie für sich allein, d. h. abgesehen von jeder Reibung, im Gleichgewichte befindlich sind. Setzt man nämlich den Winkel SMA, welchen die zu AB in ihrer Mitte senkrechte Linie SM mit der vertikalen AG bildet, $=\alpha$, den entsprechenden Winkel $S'M'A=\alpha'$, $\angle S''M''A=\alpha''$ u. s. w., und bezeichnet die in der Richtung von AB, BC, CD . . . wirkenden Kräfte mit t, t', t'' . . ., ferner die Kraft senkrecht gegen AG mit C, so zerlege man zunächst $\frac{1}{2}S$ nach AO senkrecht auf AG und nach AB der Richtung des Stabes; da hier $\angle GAO=90^{\circ}$ und $\angle BAG=90^{\circ}-\alpha$ ist, so erhält man

$$\left.\begin{aligned} C &= \tfrac{1}{2}S\,\mathrm{ctg}\,\alpha, \\ t &= \frac{\frac{1}{2}S}{\sin\alpha}. \end{aligned}\right\}\ (a)$$

Ferner wirken in B die beiden Kräfte t und $\frac{1}{2}(S+S')$. Nun ist, wenn bb' den Winkel CBA halbirt, wie man sich leicht überzeugen wird, $\angle CBb' = ABb' = 90^\circ - \frac{\alpha'-\alpha}{2}$, $\angle CB\beta = 90^\circ - \alpha'$, $\angle \beta Bb' = \frac{\alpha'+\alpha}{2}$, $\angle tBC = \alpha' - \alpha$, $\angle tBb = 90^\circ - \frac{\alpha'-\alpha}{2}$ und $\angle CBb = 90^\circ + \frac{\alpha'-\alpha}{2}$; zerlegt man demnach die Kraft t nach Bb und BC und die Kraft $\frac{1}{2}(S+S')$ nach Bb' und BC, so müssen sich die beiden Seitenkräfte nach Bb und Bb' um des verlangten Gleichgewichts willen aufheben, also einander gleich sein; die beiden andern zusammen geben die neue Kraft t'. Hieraus folgen die beiden Gleichungen

$$\left.\begin{aligned} t\,\frac{\sin(\alpha'-\alpha)}{\cos\frac{\alpha'-\alpha}{2}} &= \tfrac{1}{2}(S+S')\,\frac{\cos\alpha'}{\cos\frac{\alpha'-\alpha}{2}}, \\ t' &= t + \tfrac{1}{2}(S+S')\,\frac{\sin\frac{\alpha'+\alpha}{2}}{\cos\frac{\alpha'-\alpha}{2}}, \end{aligned}\right\} (b)$$

von denen die erste die Relation angiebt, welche zwischen den Winkeln α', α und den Kräften t und $\frac{1}{2}(S+S')$ zur Herstellung des Gleichgewichts statt finden mufs, die andere die Gröfse der resultirenden Kraft t' in der Richtung nach BC. — Im Punkte C wirken jetzt die Kräfte t' und $\frac{1}{2}(S'+S'')$. Wenn wiederum cc' den Winkel DCB halbirt, so ist $\angle DCc' = \angle BCc' = 90^\circ - \frac{\alpha''-\alpha'}{2}$, $\angle DC\gamma = 90^\circ - \alpha''$, $\angle c'C\gamma = \frac{\alpha''+\alpha'}{2}$, $\angle t'CD = \alpha'' - \alpha'$, $\angle t'Cc = 90^\circ - \frac{\alpha''-\alpha'}{2}$ und $\angle DCc = 90^\circ + \frac{\alpha''-\alpha'}{2}$; also entstehen grade wie vorhin die beiden Gleichungen

$$\left.\begin{aligned} t'\frac{\sin(\alpha''-\alpha')}{\cos\frac{\alpha''-\alpha'}{2}} &= \tfrac{1}{2}(S'+S'')\frac{\cos\alpha''}{\cos\frac{\alpha''-\alpha'}{2}},\\ t'' &= t'+\tfrac{1}{2}(S'+S'')\frac{\sin\frac{\alpha''+\alpha'}{2}}{\cos\frac{\alpha''-\alpha'}{2}}. \end{aligned}\right\}\quad(c)$$

Die Kräfte in D geben hierauf

$$\left.\begin{aligned} t''\frac{\sin(\alpha'''-\alpha'')}{\cos\frac{\alpha'''-\alpha''}{2}} &= \tfrac{1}{2}(S''+S''')\frac{\cos\alpha'''}{\cos\frac{\alpha'''-\alpha''}{2}},\\ t''' &= t''+\tfrac{1}{2}(S''+S''')\frac{\sin\frac{\alpha'''+\alpha''}{2}}{\cos\frac{\alpha'''-\alpha''}{2}}, \end{aligned}\right\}\quad(d)$$

und man sieht leicht den weitern Verlauf ein.

Die Gleichungen (b) gewähren aber mit Rücksicht auf (a)

$$\tfrac{1}{2}(S+S')\frac{\cos\alpha\cos\alpha'}{\sin(\alpha'-\alpha)} = \tfrac{1}{2}S\operatorname{ctg}\alpha,$$

und

$$t' = t\left\{1+\frac{\sin(\alpha'-\alpha)\sin\frac{\alpha'+\alpha}{2}}{\cos\alpha'\cos\frac{\alpha'-\alpha}{2}}\right\} = t\,\frac{\cos\alpha'+2\sin\frac{\alpha'-\alpha}{2}\sin\frac{\alpha'+\alpha}{2}}{\cos\alpha'},$$

oder, da $2\sin\frac{\alpha'-\alpha}{2}\sin\frac{\alpha'+\alpha}{2} = \cos\alpha-\cos\alpha'$ ist,

$$t' = \frac{t\cos\alpha}{\cos\alpha'} = \frac{\tfrac{1}{2}S\operatorname{ctg}\alpha}{\cos\alpha'}.$$

Ebenso findet man aus den Gleichungen (c)

$$\tfrac{1}{2}(S'+S'')\frac{\cos\alpha'\cos\alpha''}{\sin(\alpha''-\alpha')} = \tfrac{1}{2}S\operatorname{ctg}\alpha,$$

und $$t'' = t'\left\{1+\frac{\sin(\alpha''-\alpha')\sin\frac{\alpha''+\alpha'}{2}}{\cos\alpha''\cos\frac{\alpha''-\alpha'}{2}}\right\},$$

oder $$t'' = \frac{\tfrac{1}{2}S\operatorname{ctg}\alpha}{\cos\alpha''};$$

ferner aus (d)

$$\tfrac{1}{2}(S''+S''')\frac{\cos\alpha''\cos\alpha'''}{\sin(\alpha'''-\alpha'')} = \tfrac{1}{2}S\operatorname{ctg}\alpha,$$

und

$$t''' = \frac{\tfrac{1}{2}S\operatorname{ctg}\alpha}{\cos\alpha'''}.$$

Allgemein ausgedrückt sind hiernach, da $\tfrac{1}{2}S\operatorname{ctg}\alpha = C$ ist, die Bedingungsgleichungen für das Gleichgewicht mehrerer Stäbe

$$\tfrac{1}{2}(S^m+S^n)\frac{\cos\alpha^m\cos\alpha^n}{\sin(\alpha^m-\alpha^n)} = C,$$

und

$$t^n = \frac{C}{\cos\alpha^n},$$

worin die Indices m und n die Zahl der vorhandenen Stäbe angeben sollen. — Zerlegt man die letztere Kraft t^n in eine horizontale nach $HW = W$ und in eine vertikale nach $HV = V$, so ergiebt sich noch

$$W = t^n\cos\alpha^n = C,$$
$$V = t^n\sin\alpha^n = C\operatorname{tang}\alpha^n.$$

Wie man aus diesen Gleichungen ersieht, wirken die im Gleichgewicht stehenden Stäbe bei H nach horizontaler Richtung eben so stark, als sie gegen die senkrechte Wand AG in A pressen, und der senkrechte Druck ist das Produkt des horizontalen mit der Tangente des Neigungswinkels des letzten Stabes gegen die Basis. — Sobald auf der andern Seite von AG gleiche Stäbe in gleichem Bogen stehen, so erhalten sich beide Theile im Gleichgewichte, indem sie oben in A einen gegenseitigen Druck $= C$ auf einander ausüben.

§. 3.

Vom Gleichgewicht einer stetigen krummen Linie.

Sind die so eben betrachteten Stäbe so kurz, daſs sie als Elemente einer stetigen Curve angesehen werden können, so ist, wenn wir den Bogen, dessen Schwere nach irgend einem Gesetze vertheilt sein mag, mit Q bezeichnen, $\frac{1}{2}(S^m + S^n) = dQ$, $\cos\alpha^n = \cos(\alpha^m + d\alpha) = \cos\alpha^m$, da das Differential $d\alpha$ des Winkels gegen die Gröfse α^m verschwindet, und $\sin(\alpha^m - \alpha^n) = d\alpha$; somit entsteht zur Bestimmung des im Gleichgewicht stehenden schweren Bogens die Bedingungsgleichung

$$dQ \cos^2\alpha = C d\alpha,$$

worin $\angle\alpha$ zu dem Bogenelemente dQ gehört. Also

$$dQ = C \frac{d\alpha}{\cos^2\alpha},$$

und

$$Q = C \operatorname{tang}\alpha,$$

da $Q = 0$ mit $\alpha = 0$ ist. — Die Gröfse C in diesen Formeln läfst sich zunächst näher bestimmen; es treffen nämlich die drei Linien AM, SM und die auf der andern Seite des Bogens der letztern entsprechende in M dem Mittelpunkte der Krümmung im obersten Bogentheil zusammen, so dafs SM den Krümmungshalbmesser ϱ der Curve in ihrem Scheitel A bildet. Da nun $\frac{1}{2}S$ die Schwere des halben obersten Bogenelements ausdrückt, das durch die Linie SA multiplicirt mit einem das Gewicht desselben bestimmenden Coefficienten z. B. b gegeben wird, so ist $bSM = b\varrho = bSA \operatorname{ctg}\alpha = \frac{1}{2}S \operatorname{ctg}\alpha$, und wir erhalten die Spannung im Scheitel oder

$$C = b\varrho,$$

demnach

$$Q = b\varrho \operatorname{tang}\alpha.$$

Ferner folgt beim Winkel α der Druck $T_{(\alpha)}$ in der Richtung des Bogens, welcher oben mit t^n bezeichnet wurde, aus

$$T_{(\alpha)} = \frac{b\varrho}{\cos\alpha},$$

folglich auch der horizontale Druck daselbst oder

$$W = b\varrho,$$

so wie der vertikale

$$V = b\varrho \operatorname{tang}\alpha.$$

Dies sind die allgemeinen Gleichungen für einen im Gleichgewicht stehenden schweren Bogen.

Will man die gewöhnlichste Form einer solchen Curve zum bessern Verständnisse näher betrachten, so sei der ganze

Bogen aus einer homogenen Masse gebildet und es wachse demnach seine Schwere durch alle Elemente proportional mit seiner Länge; bezeichnet man hierauf mit b den Coefficienten, mit dem jeder Bogentheil multiplicirt werden mufs, damit man sein Gewicht erhalte, und mit ∂s das Element der Curve s nur ihrer Länge nach, so ist in diesem Falle $dQ = bds$ und

$$bds = b\varrho \frac{\partial \alpha}{\cos^2 \alpha} \quad \text{oder} \quad s = \varrho \operatorname{tang} \alpha.$$

Die Curve, welche durch diese Gleichung bestimmt wird, heifst die gemeine Kettenlinie, weil eine an ihren beiden Endpunkten befestigte, überall gleich schwere Kette sich nothwendig ins Gleichgewicht setzen und die verlangte Curve bilden mufs. Ihre Natur wird man durch Zurückführung ihrer Krümmung auf zu einander senkrechte Coordinaten besser erkennen. Zu diesem Behufe bezeichne BAC (Fig. 2.) eine Kettenlinie; ihr Scheitel sei in A und die Axe AD, welche die Curve in zwei gleiche Theile theilt, diene zur Abscissenaxe. Man fälle von dem beliebigen Punkte M der Curve das Perpendikel MN auf AD und setze $AN = x$, $MN = y$; ferner sei MR senkrecht gegen die Curve in M, so ist nach der bisherigen Bezeichnung $\angle MRA = \alpha$ und wir haben, wenn ϱ den Krümmungshalbmesser in A ausdrückt,

$$s = \varrho \operatorname{tang} \alpha.$$

Es ist aber $\operatorname{tang} \alpha = \frac{dx}{dy}$, somit $s = \varrho \frac{dx}{dy}$ oder $s^2 = \varrho^2 \frac{dx^2}{dy^2}$, woraus man $s^2 + \varrho^2 = \varrho^2 \left(\frac{dy^2 + dx^2}{dy^2}\right)$ erhält, und weil allgemein $dx^2 + dy^2 = ds^2$ ist, auch

$$dy = \frac{\varrho ds}{\sqrt{(\varrho^2 + s^2)}},$$

woraus wieder

$$dx = \frac{sds}{\sqrt{(\varrho^2 + s^2)}}$$

folgt. Die letztere Gleichung integrirt giebt unmittelbar $x = \sqrt{(\varrho^2 + s^2)} + \text{Const.}$, worin $x = 0$ bei $s = 0$, also $\text{Const.} = -\varrho$ ist, demnach

$$x = \sqrt{(\varrho^2+s^2)} - \varrho,$$

und umgekehrt

$$s = \sqrt{(2\varrho x + x^2)}.$$

Setzt man ferner in $dy = \frac{\varrho ds}{\sqrt{(\varrho^2+s^2)}}$, $z = s+\sqrt{(\varrho^2+s^2)}$, so ist $dz = ds + \frac{sds}{\sqrt{(\varrho^2+s^2)}} = \frac{zds}{\sqrt{(\varrho^2+s^2)}}$, folglich $dy = \frac{\varrho dz}{z}$ und $y = \varrho \log.\text{nat}.z + \text{Const.}$ Zur Bestimmung der Const. hat man $y = 0$ bei $s = 0$ oder bei $z = \varrho$, dies giebt Const. $= -\varrho \log.\text{nat}.\varrho$ und $y = \varrho \log.\text{nat}.\frac{z}{\varrho} = \varrho \log.\text{nat}.\frac{s+\sqrt{(\varrho^2+s^2)}}{\varrho}$. Wenn man in diese Gleichung für $\sqrt{(\varrho^2+s^2)}$ seinen Werth $x+\varrho$ und für s seinen Werth $\sqrt{(2\varrho x+x^2)}$ einsetzt, so findet man als Gleichung der Kettenlinie nach den zu einander rechtwinkligen Coordinaten

$$y = \varrho \log.\text{nat}.\frac{\varrho+x+\sqrt{(2\varrho x+x^2)}}{\varrho}.$$

Um x durch y auszudrücken, giebt diese Gleichung, wenn e die Basis der natürlichen Logarithmen bezeichnet, $e^{\frac{y}{\varrho}} = \frac{\varrho+x+\sqrt{(2\varrho x+x^2)}}{\varrho}$, $e^{-\frac{y}{\varrho}} = \frac{\varrho}{\varrho+x+\sqrt{(2\varrho x+x^2)}} = \frac{\varrho+x-\sqrt{(2\varrho x+x^2)}}{\varrho}$ also $e^{\frac{y}{\varrho}} + e^{-\frac{y}{\varrho}} = \frac{2\varrho+2x}{\varrho}$ und

$$x = \tfrac{1}{2}\varrho(e^{\frac{y}{\varrho}} + e^{-\frac{y}{\varrho}} + 2).$$

Eine andere bemerkenswerthe Relation zwischen den Gröfsen x, y, s zieht man aus $y = \varrho \log.\text{nat}.\frac{s+\sqrt{(\varrho^2+s^2)}}{\varrho}$; hiernach ist $e^{\frac{y}{\varrho}} = \frac{s+\sqrt{(\varrho^2+s^2)}}{\varrho}$, $e^{-\frac{y}{\varrho}} = \frac{\varrho}{s+\sqrt{(\varrho^2+s^2)}} = \frac{-s+\sqrt{(\varrho^2+s^2)}}{\varrho}$ und $s = \tfrac{1}{2}\varrho(e^{\frac{y}{\varrho}} - e^{-\frac{y}{\varrho}})$. Nimmt man hierzu die obige Gleichung für x, so wird $s+x = \varrho(e^{\frac{y}{\varrho}} - 1)$ und $s-x = \varrho(1-e^{-\frac{y}{\varrho}})$, folglich $\frac{s+x}{s-x} = e^{\frac{y}{\varrho}}$ und

$$y = \varrho \log.\text{nat.} \frac{s+x}{s-x}.$$

Sobald bei einer Kettenlinie ihr Krümmungshalbmesser ϱ im Scheitel gegeben oder willkürlich angenommen wird, lassen sich x und y nach den vorstehenden Gleichungen berechnen und die Curve selbst auftragen. Schwieriger dagegen bleibt es für zwei zu einander gehörige Werthe von x und y, die gegeben sind, die Gröfse von ϱ zu ermitteln; am besten entwirft man sich hierzu Tabellen, in welche man zu willkürlichen Werthen von ϱ die Werthe von x und y einträgt, und schliefst dann rückwärts mittelst derselben auf ϱ. Hat man jedoch diese Gröfse erst einigermafsen annähernd gefunden, so kann man auf den genauen Werth leicht auf folgende Art kommen. Sind x und y gegeben, also als constante Gröfsen zu betrachten und giebt ϱ' den Näherungswerth von dem gesuchten ϱ, so bestimme man y' aus $\varrho' \log.\text{nat.} \frac{\varrho'+x+\sqrt{(2\varrho'x+x^2)}}{\varrho'}$; stimmt y' nicht mit dem gegebenen y überein, so sei $y-y' = dy$ und $\varrho-\varrho' = d\varrho$, dann giebt die vorstehende Gleichung $dy = d\varrho\left(\frac{y'}{\varrho'} - \frac{x}{\sqrt{(2\varrho'x+x^2)}}\right)$, woraus $d\varrho = \frac{dy}{\frac{y'}{\varrho'} - \sqrt{\frac{x}{2\varrho'+x}}}$ und $\varrho = \varrho' + d\varrho$ folgt. Sollte übrigens der zuerst angenommene Werth von ϱ nicht hinreichend genau gewesen sein, so kann man das eben angegebene Verfahren mit dem nun schon corrigirten Werthe von ϱ wiederholen. — Zur leichtern Benutzung der Kettenlinie in den spätern Untersuchungen gebe ich hier für einige Werthe von x und y den dazu gehörigen Krümmungshalbmesser ϱ.

x	y	ϱ	x	y	ϱ	x	y	ϱ
1	10	50,16	6	10	9,22	12	10	5,47
2	10	25,32	7	10	8,07	14	10	4,96
3	10	17,14	8	10	7,29	16	10	4,60
4	10	13,12	9	10	6,68	18	10	4,28
5	10	10,74	10	10	6,19	20	10	4,05

§. 4.
Uebertragung der vorstehenden Formeln auf Gewölbbogen im Allgemeinen.

Wenn $ABCA'B'C'$ (Fig. 3.) die Stirnfläche eines Tonnengewölbes bezeichnet, so kann man die einzelnen Gewölbsteine oder selbst ihre einzelnen Elemente als die Stäbe betrachten, deren Zusammenfügung zu einem im Gleichgewichte stehenden Bogen wir so eben untersucht haben. Allein es entsteht hierbei doch eine eigenthümliche Schwierigkeit. Während nämlich die bisher angenommenen Stäbe nur als Linien angesehen wurden, in denen die Lage der Schwerpunkte leicht zu bestimmen war, so müssen die Gewölbsteine, deren Fugen als die Bogenelemente trennend immer als senkrecht gegen den Bogen vorausgesetzt werden, wegen der Dicke des Bogens nach aufsen hin, in BAC, breiter werden als nach innen im Bogen $B'A'C'$; die Schwerpunkte der Steine oder genauer der Steinelemente liegen also weiter nach aufsen über die Mitte hinaus und zwar, wenn der Bogen nicht ein gleich dicker Kreisbogen ist, nicht einmal an derselben Stelle in den einzelnen Steinen. Die Curve für das Gleichgewicht mufs aber durch die einzelnen Schwerpunkte hindurchgehen, und somit entstehen für ihre ganz genaue Bestimmung die gröfssten Schwierigkeiten, die zu lösen doch kaum der Mühe verlohnen möchte. Um ein genügendes Auskunftsmittel zu treffen, wollen wir bei Wölbungen von gleicher Dicke, sofern diese nur gegen die Weite des Bogens selbst unbedeutend ist, die eigentliche Spannungscurve in die Mitte bac des Bogens verlegen und hierin die Schwere der einzelnen Gewölbsteine concentrirt denken. Wenn dagegen umgekehrt die Natur der Spannungscurve gegeben und die erforderliche Schwere der einzelnen Gewölbsteine gesucht wird, so scheint es besser zu sein, statt mit Eytelwein die Schwere der einzelnen Curvenelemente mn (Fig. 3.) durch die Verlängerung der Steine in normaler Richtung $M'M$ zu erreichen, wodurch die Lage der Schwerpunkte zum Theil gänzlich verrückt und die Natur der gegebenen Curve durchaus verändert wird, lieber den innern Bogen $B'A'C'$ als den eigentlichen Spannungsbogen zu betrachten und die Schwere der Elemente durch den senkrechten Druck der Steine nach $M'R$ zu bestimmen. Auf diese Weise erhält man wenigstens für die Praxis insofern bessere Resultate, als bei einer nur einigermafsen bedeutenden Höhe von $M'R$ doch jedesmal nur ein schmaler innerer Gewölbbogen geführt wird und der obere Theil als eine wirkliche Last ohne weitere Spannung darauf liegt. Nach diesen Vorbemerkungen wenden wir uns zur Untersuchung einzelner Fälle.

§. 5.

Spannungscurve bei einem gleich dicken Gewölbbogen.

Soll ein Gewölbe von gleicher Dicke ausgeführt werden, so haben die Elemente $ds = mm'$ (Fig. 3.) des mittlern Bogens nach der gegebenen Erläuterung eine ihrer Länge proportionale Schwere. Wenn man also mit b die Dicke des Gewölbes bezeichnet, so kann man die Schwere des einzelnen Elements durch bds ausdrücken, obgleich bds eigentlich nur die Fläche $MM'NN'$ angiebt; denn nimmt man zu dieser Fläche eine beliebige Breite des Gewölbes seiner Länge nach, z. B. die Breite l (und man kann ja den Bogen beliebig breit ansetzen), so drückt der Körper $lbds$ mit Hinzufügung des specifischen Gewichtes g die wahre Schwere des Elements eben auf die angenommene Breite des Bogens aus. Da aber l ohne Unterschied auf die Resultate willkürlich gesetzt werden kann, so genügt schon zur Angabe der Schwere die Bezeichnung mit bds. Haben also die einzelnen Elemente diese Schwere, so erhalten wir die Gleichung

$$bds = b\varrho \tang \alpha,$$

folglich den schon untersuchten Fall mit den gleich schweren Stäben, und die mittlere Wölbungslinie ist nach der Form der Kettenlinie zu führen. —

Die Spannung $T_{(\alpha)}$ in diesem Bogen ergiebt sich nach §. 3. aus

$$T_{(\alpha)} = \frac{b\varrho}{\cos\alpha},$$

oder, wenn man $\cos\alpha = \frac{dy}{ds} = \frac{\varrho}{x+\varrho}$ setzt, ebenso allgemein aus

$$T_{(\alpha)} = b(x+\varrho).$$

Hiernach wächst die Spannung bei gegebenem ϱ mit x und erreicht ihren höchsten Werth auf der Widerlage, bei $x = H$.

Sollen in dem aufgeführten Bogen von einer Spannweite $= 2G$ und einer Höhe $= H$ (beide auf die mittlere Linie bezogen) die Steine der vorhandenen Spannung Widerstand leisten und nicht durch den Druck leiden, so sei uns der Druck, welchen sie auf einem Quadratfuſs Fläche ohne Nachtheil aushalten können, nach der Erfahrung zu D preuſs. Pfund gegeben. Dieses Gewicht läſst sich durch ein Parallelepipedum aus dem Material des Gewölbes, dessen specifisches Gewicht g sei, von einem Quadratfuſs Basis und h Fuſs Höhe rheinl. Maaſses ausdrücken, so daſs $D = 66.gh$ Pfd. ist. Die Spannung T wird eben in dieser letztern Weise durch eine Fläche $b(\varrho+x)$ gegeben, welche bei einem Fuſs in der Länge des Gewölbes, ein Gewicht von $66gb(\varrho+x)$ Pfund repräsentirt; dieser Druck vertheilt sich auf b Quadratfuſs und beträgt demnach auf einem Quadratfuſs $66g(\varrho+x)$ Pfd. Wenn man also den gröſsten Druck auf der Widerlage ins Auge faſst, so findet man, daſs zur Sicherung des Bogens gegen das Zerdrücken der Steine oder vielmehr gegen Risse im Gewölbe, höchstens

$$66g(H+\varrho) = D$$

sein dürfe, woraus bei gegebenem H

$$\varrho = \frac{D}{66g} - H = h - H$$

folgt. Eytelwein setzt, indem er vielleicht etwas zu sorgsam, worüber aber die Erfahrung entscheiden muſs, $D = \frac{1}{20}$ von der Last nimmt, bei welcher die Steine nach Versuchen wirklich zerdrückt wurden; für gut gebrannte Ziegelsteine $D =$ 8093 Pfd. und $g = 1\frac{2}{5}$, für rothenburger Sandsteine $D =$

18943 Pfd. und $g = 2$. Bei diesen Annahmen ergiebt sich für Ziegelsteine $\varrho = 73{,}6 - H$, für Sandsteine $\varrho = 143{,}5 - H$. Nimmt man also bei einem Kettenbogen $G = H$ an d. h. die mittlere Höhe gleich der mittleren halben Spannweite, so ist nach der Tabelle in §. 3. $\varrho = 0{,}619\,H$, und man kann, ohne der Festigkeit des Bogens zu schaden, bei Ziegelsteinen bis auf $H = G = \frac{73{,}6}{1{,}619} = 45{,}4$ rh. Fuſs gehen, bei Sandsteinen bis auf $H = G = \frac{143{,}5}{1{,}619} = 88{,}6$ Fuſs. Je kleiner H gegen G angenommen wird, eine desto geringere Spannweite ist zulässig; bei $H = \frac{1}{2}G$ erhält man für Ziegelsteine $G = 32{,}8$ Fuſs, für Sandsteine $G = 64{,}0$ Fuſs. Die Dicke des Bogens kommt hierbei gar nicht in Anschlag.

§. 6.

Die Curve, bei der die senkrechte Höhe der Gewölbsteine constant ist.

Sobald angenommen wird, daſs über einem Gewölbbogen, als den man hier die innere Curve des Gewölbes ansieht, die Belastung an allen Stellen in senkrechter Richtung gleich groſs und zwar von der constanten Höhe $= b$ ist, so läſst sich die Natur der Curve, die hierbei im Gleichgewichte steht, auf folgende Weise finden. Nach §. 3. war allgemein $dQ = b\varrho \frac{d\alpha}{\cos^2\alpha}$. Aber $dQ = MNM'N'$ (Fig. 4.) ist $= bds\cos\alpha$, worin $ds = MN$ das Element des Bogens, $MM' = b = AA' = BB'$ und ϱ der Krümmungshalbmesser im Scheitel A' ist; folglich wird $bds\cos\alpha = b\varrho \frac{d\alpha}{\cos^2\alpha}$. Da nun, wenn $A'D = x$ und $M'D = y$ angenommen wird, $\sin\alpha = \frac{dx}{ds}$, $\cos\alpha = \frac{dy}{ds}$ und $\operatorname{tang}\alpha = \frac{dx}{dy}$ ist, so hat man $dy = \varrho \frac{d\alpha}{\cos^2\alpha}$ und $y = \varrho \operatorname{tang}\alpha + \text{Const.}$; aber $y = 0$ bei $\alpha = 0$, folglich Const. $= 0$;

somit ergiebt sich $y = \varrho \frac{dx}{dy}$ oder $ydy = \varrho dx$, woraus

$$y^2 = \tfrac{1}{2}\varrho x$$

folgt. Diese Gleichung gehört der Parabel an, in welcher der Parameter $p = \frac{1}{2}\varrho$ ist. Giebt nämlich $y^2 = px$ die Gleichung der Parabel, so erhält man $2ydy = pdx$ und $dy^2 + yd^2y = 0$; man bestimmt aber den Krümmungshalbmesser ϱ' an der Stelle, welche durch die rechtwinkligen Coordinaten x und y gegeben wird, in jeder Curve durch $-\frac{ds^3}{d^2ydx}$ unter der Voraussetzung, dafs dx als constant angesehen werde; hiernach ergiebt sich in der Parabel $\varrho' = \frac{(4y^2+p^2)^{\frac{3}{2}}}{2p^2}$, also im Scheitel, wo $y = 0$, $\varrho = \frac{1}{2}p$, grade wie es vorher vorausgesetzt wurde.

§. 7.

Die Curve, deren Belastung durch eine horizontale Linie begrenzt wird.

Es sei (Fig. 5.) über dem Bogen BAC eine Belastung gelegt, die oben durch die horizontale Linie DE begrenzt wird; die Druckhöhe AA' in A sei $= b$, über dem Element $mn = mm'$; man sucht die Natur dieser Curve BAC. Setzt man $Ap = x$, $mp = y$, so ist $mm' = h = b + x$, und man erhält aus $h \cos\alpha ds = b\varrho \frac{d\alpha}{\cos^2\alpha}$ die gesuchte Gleichung der Curve $(b+x)dy = \frac{b\varrho ds^3}{\varrho' dy^2}$, weil in dem Falle, wo ϱ' den Krümmungshalbmesser in mn bezeichnet, $ds = \varrho' d\alpha$ und $\cos\alpha = \frac{dy}{ds}$ ist. Für ϱ' kann man seinen Werth $-\frac{ds^3}{d^2ydx}$ setzen, so entsteht $(b+x)dy = -\frac{b\varrho d^2ydx}{dy^2}$ oder $(b+x)dx = -\frac{b\varrho d^2ydx^2}{dy^3}$. Diese Gleichung integrirt giebt $2bx + x^2 = \frac{b\varrho dx^2}{dy^2}$, da keine

Const. weiter hinzukommt, weil bei $x=0$ auch $\frac{dx}{dy}=\text{tang}\alpha=0$ ist. Die gefundene Gleichung liefert wieder $dy=\frac{dx\sqrt{b\varrho}}{\sqrt{(2bx+x^2)}}$; man setze hierin $b+x+\sqrt{(2bx+x^2)}=z$, so bekommt man $dz=dx+\frac{(b+x)\,dx}{\sqrt{(2bx+x^2)}}=\frac{z\,dx}{\sqrt{(2bx+x^2)}}$ und durch Substitution dieses Werthes in die vorstehende Gleichung $dy=\sqrt{b\varrho}\,\frac{dz}{z}$ oder $y=\sqrt{b\varrho}\,\text{log.nat.}(b+x+\sqrt{(2bx+x^2)})-\sqrt{b\varrho}\,\text{log.nat.}\,b$; dies ist

$$y=\sqrt{b\varrho}\,\text{log.nat.}\,\frac{b+x+\sqrt{(2bx+x^2)}}{b}.$$

Die Vergleichung dieser Formel mit der ihr entsprechenden in §. 3. zeigt, daſs die gesuchte Curve eine Kettenlinie bildet, in der der Krümmungshalbmesser ϱ im Scheitel $=b$ gesetzt werden muſs.

§. 8.

Bestimmung der vertikalen Druckhöhe bei gegebener Curve.

In den vorhergehenden §§. war uns die Schwere der einzelnen Bogenelemente gegeben und wir hatten die Curve zu bestimmen, in welcher diese Elemente zum Gleichgewichte kommen. Nehmen wir umgekehrt eine beliebige Curve als Spannungsbogen an, so läſst sich wieder die nothwendige Schwere der einzelnen Elemente, also die senkrechte Druckhöhe ermitteln, damit das verlangte Gleichgewicht hergestellt werde. Bezeichnet BAC (Fig. 6.) die Spannungscurve, deren Gleichung gegeben wird, mn ein willkürliches Bogenelement derselben, und $mm'=h$ die gesuchte Druckhöhe, von welcher eben die Schwere des Elementes abhängt, so gilt, wenn auſserdem noch $mr=y$, $rA=x$, $AA'=b$ und $\angle mpA=\alpha$ angenommen wird, auch hier die Gleichung $dQ=b\varrho\,\frac{d\alpha}{\cos^2\alpha}$.

Aber $dQ = mnm'n'$ ist $h \cos\alpha\, ds$, folglich erhält man $h \cos\alpha\, ds = b\varrho \frac{d\alpha}{\cos^2\alpha}$ und daraus

$$h = \frac{b\varrho d\alpha}{ds \cos^3\alpha}.$$

Soll h nur durch die rechtwinkligen Coordinaten x, y und durch die Krümmungshalbmesser ausgedrückt werden, so bezeichne wieder ϱ' den Krümmungshalbmesser im Elemente mn, dann ist $\varrho' d\alpha = ds$ und da aufserdem $\cos\alpha = \frac{dy}{ds}$, so erhält man

$$h = \frac{b\varrho ds^3}{\varrho' dy^3},$$

oder auch durch Substitution des Werthes $-\frac{ds^3}{d^2y dx}$ für ϱ',

$$h = -\frac{b\varrho d^2y dx}{dy^3}.$$

§. 9.

Die vertikale Druckhöhe bei einem Kreisbogen.

Zur vorstehenden Formel mögen der Deutlichkeit wegen einige Beispiele folgen. Wenn zunächst als Spannungsbogen ein Kreis vom Radius r gegeben wird, so ist in ihm $\varrho = r$, $y = \sqrt{(2rx - x^2)}$, $dy = \frac{(r-x)\,dx}{\sqrt{(2rx - x^2)}}$ und $d^2y = -\frac{r^2 dx^2}{(2rx - x^2)^{\frac{3}{2}}}$, folglich

$$h = \frac{br^3}{(r-x)^3} = \frac{b}{\cos^3\alpha}.$$

Aus dieser Formel ersieht man sogleich, dafs die erforderliche vertikale Druckhöhe vom Scheitel ab, in welchem sie $= b$ ist, anfänglich langsamer, dann mit wachsendem x schneller zunimmt, bis sie bei $x = r$, wo der Kreisbogen sich zu einem vollständigen Halbkreise ausdehnt, einen unendlich grofsen Werth erlangt. Somit wäre ein Halbkreis in der Praxis nicht in die verlangte Spannung zu versetzen.

§. 10.

Die vertikale Druckhöhe bei einer Ellipse.

Als anderes Beispiel wähle ich einen elliptischen Bogen; die halbe vertikal stehende Axe dieses Bogens sei $= a$, die halbe horizontale $= c$; man hat also, wenn der Anfangspunkt der Coordinaten wie bisher im Scheitel liegt, $y = \frac{c}{a}\sqrt{(2ax - x^2)}$,

$dy = \frac{c}{a} \cdot \frac{(a - x)\,dx}{\sqrt{(2ax - x^2)}}$, $d^2y = -\frac{cadx^2}{(2ax - x^2)^{\frac{3}{2}}}$, ferner $ds =$

$$dx\sqrt{\left(1 + \frac{dy^2}{dx^2}\right)} = \frac{dx\sqrt{[a^2c^2 + 2a(a^2 - c^2)x - (a^2 - c^2)x^2]}}{a\sqrt{(2ax - x^2)}},$$

$\varrho' = -\frac{ds^3}{d^2ydx} = \frac{[c^4 + (a^2 - c^2)y^2]^{\frac{3}{2}}}{ac^4}$, und endlich im Scheitel, wo $y = 0$, $\varrho = \frac{c^2}{a}$. Snbstituirt man diese Werthe in die Gleichung für h (§. 8.), so bekommt man als Druckhöhe zur Ellipse

$$h = \frac{ba^3}{(a - x)^3},$$

und die beim Kreise aufgestellten Folgerungen finden auch hier ihre Anwendung.

§. 11.

Bestimmung der Ellipse, zu welcher die Druckhöhe im Scheitel und auf der Widerlage, ferner die Weite und Höhe der Wölbung gegeben sind.

Wenn der Fall vorliegt, daſs zu einem Gewölbbogen BAC (Fig. 6.) die Höhe AD desselben $= H$, die Weite $BC = 2G$ gegeben werden, und auſserdem noch die Druckhöhe im Scheitel $AA' = b$ und auf der Widerlage $BB' = h$, so läſst sich ein elliptischer Bogen finden, der unter diesen Bedingungen in das bisher geforderte Gleichgewicht kommt. Sind nämlich die zu findenden halben Axen der Ellipse in vertikaler Richtung $= a$, in horizontaler $= c$, so folgt aus dem vorigen §. $h = \frac{ba^3}{(a-H)^3}$, also $\frac{a}{a-H} = \sqrt[3]{\frac{h}{b}}$ und $a = \frac{H\sqrt[3]{h}}{\sqrt[3]{h}-\sqrt[3]{b}}$; ferner ergiebt sich aus der Natur der Ellipse $G = \frac{c}{a}\sqrt{(2aH-H^2)}$, demnach $c = \frac{G\sqrt[3]{h}}{\sqrt{[\sqrt[3]{h^2}-\sqrt[3]{b^2}]}}$. Wie man sogleich sieht, und wie es sich auch nach den vorstehenden Untersuchungen nicht anders erwarten läfst, mufs $h > b$ sein.

§. 12.

Die Stärke der Widerlage bei einem schweren Kettenbogen.

Nach den bisherigen Betrachtungen, die hier füglich abgebrochen werden können, wenden wir uns zur Berechnung der der Widerlage zu gebenden Stärke, damit sie den von dem Gewölbbogen ausgehenden Kräften widerstehen könne. Ich nehme hierbei den nach der Kettenform, also überall im Gleichgewichte stehenden Bogen, zunächst als eine schwere Linie an, in der jedes Element $= bds$ und b constant ist. Die Höhe der Widerlage BG (Fig. 2.) sei $= k$ und die zu berechnende Stärke derselben $BE = w$; ferner stehe der Bogen, dessen Spannweite $BC = 2G$ und dessen Höhe $DA = H$, auf den äufsersten Punkten der Widerlage B und C auf. Es entsteht nun, wie wir gesehen haben, vom Bogen BA an seinem Ende, zu welchem der Winkel α gehört, eine Tangentialkraft $= T_{(\alpha)}$, die als Vertikalkraft V auf die Widerlage nach unten drückt, als Horizontalkraft W dieselbe nach aufsen zu bewegen sucht. Diese Kräfte nebst der eigenen Schwere der Widerlage $= kw$ können den Stand derselben auf zwiefache Weise bestimmen, welche Umstände bei unserer Berechnung wohl zu unterscheiden sind. Einmal kann die Widerlage unter der Einwirkung der genannten Kräfte in irgend einer ihrer horizontalen Fugen, deren Abstand ebenfalls von der

Oberfläche $EB = k$ sei, nach aufsen also von G nach F gleiten, wobei sich dann der Bogen nach innen senkt; zweitens können die vorliegenden Kräfte die Widerlage um F, d. h. um die äufserste Kante auf der Basis nach aufsen drehen und sie auf diese Weise umstürzen. Wir wollen, um diese beiden Fälle aus einander zu halten, den ersten als das Ausgleiten der Widerlage, den andern als den Umsturz derselben behandeln.

I. Was also zuerst das Ausgleiten der Widerlage betrifft, so ist dieselbe in der Fuge FG mit dem Gewichte des Bogens und mit ihrem eigenen Gewichte belastet, also mit $V+kw$; daraus entsteht beim Ausgleiten, sofern μ den Reibungscoefficienten bezeichnet, eine von F nach G rückwirkende Kraft $= \mu(V+kw)$. Die Horizontalkraft W treibt aber die Widerlage nach aufsen, und demnach mufs, wenn zwischen diesen Kräften das Gleichgewicht bestehen soll, wenigstens

$$w = \frac{W - \mu V}{\mu k}$$

sein. Nach §. 3. ist $W = b\varrho$ und $V = b\varrho \operatorname{tang} \alpha$ oder auch, da $\operatorname{tang} \alpha = \frac{dx}{dy}$, $y = \varrho \log.\text{nat} \frac{\varrho + x + \sqrt{(2\varrho x + x^2)}}{\varrho}$, $dy = \frac{dx}{\sqrt{(2\varrho x + x^2)}}$ und im vorliegenden Falle $x = H$ ist, $V = b\sqrt{(2\varrho H + H^2)}$; die Substitution dieser Werthe giebt

$$w = \frac{b(\varrho - \mu\sqrt{(2\varrho H + H^2)})}{\mu k}.$$

II. Die Stärke der Widerlage, welche den Umsturz verhindert, findet man aus folgenden Verhältnissen. Die Vertikalkraft V drückt die Widerlage um F am Hebelarm $FG = w$ nach innen, die Horizontalkraft W am Hebelarm $BG = k$ nach aufsen, und die Schwere der Widerlage selbst $= kw$ führt sie am Hebelarm $= \frac{w}{2}$ nach innen. Nimmt man diese Momente zusammen, so entsteht als Bedingung für das Gleichgewicht

$$wk.\frac{w}{2}+Vw = Wk.$$

Man setze hierin für V und W die oben angegebenen Werthe, so verwandelt sich die Gleichung in

$$w = -\frac{b\sqrt{(2\varrho H+H^2)}}{k}+\sqrt{\left(2b\varrho+\frac{b^2(2\varrho H+H^2)}{k^2}\right)}.$$

Ich gebe zu diesen Formeln keine Beispiele, weil sich die zum Grunde gelegten Bedingungen in der Praxis nicht erfüllen lassen.

§. 13.

Die Stärke der Widerlage bei einem gleich dicken Kettengewölbe.

Wenn der Gewölbbogen nicht mehr aus einer schweren Linie, sondern aus gleich dicken Steinen besteht, die nach der Form der Kettenlinie auf einander gelegt sind, wie in Fig. 3., so liegt nach der bisherigen Auseinandersetzung die eigentliche Spannungslinie in bac; man beziehe auf sie G und H, die halbe Spannweite und die Höhe des Bogens und rechne von b und c die Höhe der Widerlage k an, wodurch umständlichere Resultate ohne Nachtheil vermieden werden. Die auf die Widerlage wirkenden Kräfte sind jetzt zunächst wieder dieselben, wie im vorigen §.; demnach mufs

I. in Betreff des Ausgleitens, das übrigens vornehmlich bei noch weichem Mörtel nach der Ausräumung des Gewölbes zu fürchten ist, auch hier wieder

$$w = \frac{W-\mu V}{\mu k}$$

sein, oder wenn b die Dicke des Gewölbes angiebt,

$$w = \frac{b[\varrho-\mu\sqrt{(2\varrho H+H^2)}]}{\mu k}.$$

Aus dieser Gleichung läfst sich ohne weitere Mühe abnehmen, dafs der Werth von w bedeutender ausfällt, einerseits wenn b wächst, anderseits wenn μ und k abnehmen, und dafs man in der Praxis vornehmlich darauf zu sehen hat, wie man die

Reibung oder den Zusammenhang in den Fugen vergröfsert und eben diese, welche etwa zum Ausgleiten kommen könnten, so tief als möglich legt. Aufserdem wächst w, wenn das Verhältnifs von H zu G verringert wird; denn setzt man, um sich hiervon zu überzeugen, $\mu = 0{,}5$ also den kleinsten Werth, der vorkommen mag, so erhält man

1) bei $H = G$, $\varrho = 0{,}619\,G$ und $w = -0{,}258\,\frac{bG}{k}$,

2) - $H = 0{,}8\,G$, $\varrho = 0{,}729\,G$ - $w = 0{,}144\,\frac{bG}{k}$,

3) - $H = 0{,}6\,G$, $\varrho = 0{,}922\,G$ - $w = 0{,}634\,\frac{bG}{k}$,

4) - $H = 0{,}4\,G$, $\varrho = 1{,}312\,G$ - $w = 1{,}526\,\frac{bG}{k}$.

Die vorstehenden Resultate können leicht zu Irrthümern Veranlassung geben, besonders wenn man $k = 0$ oder auch nur sehr klein annimmt, da dann w einen unendlich grofsen Werth erlangen würde. Geht man indefs auf die ursprüngliche Gleichung $\mu k w = b\varrho - \mu\sqrt{(2\varrho H + H^2)}$ zurück und setzt darin $k = 0$, so sieht man sogleich, dafs μ wenigstens $= \frac{b\varrho}{\sqrt{(2\varrho H + H^2)}}$ sein müsse, um das Ausgleiten des Bogens zu verhindern. Im letztern Falle, wo $H = 0{,}4\,G$ ist, findet man $\mu = 1{,}194\,b$; könnte man jetzt nicht durch besondere Verbindung der Widerlage die Reibung bis auf diesen Werth bringen, so müfste man durch Hintermauerung des Bogens das die Reibung verursachende Gewicht vergröfsern oder man müfste irgend ein anderes Hindernifs anbringen, dafs einer Kraft $= b\varrho - \mu\sqrt{(2\varrho H + H^2)}$ hinreichend widerstände. Dasselbe gilt bei den andern Resultaten, selbst da wo w einen zulässigen Werth erhält, den man hier überall durch ein äquivalentes Hindernifs ersetzen kann.

II. In Rücksicht auf den Umsturz der Widerlage drückt ebenfalls wie im vorigen §. ihre eigene Schwere wk am Hebel $\frac{w}{2}$ nach innen und die Spannung $T_{(a)}$ in b wirkt als

$T_{(\alpha)} \cos\alpha = W$ am Hebelarm k nach aufsen, als $T_{(\alpha)} \sin\alpha = W$ am Hebel $w - \frac{b}{2}$ nach innen, sofern man hier der Kürze wegen und ohne besondern Nachtheil $\frac{b}{2}$ statt des strengen Werthes $\frac{b}{2} \sin\alpha$ anwendet. Ferner kommt noch ein anderer Umstand hinzu, der Beachtung verdient. Soll nämlich eine Drehung der Widerlage statt finden, so mufs sich der Bogen BAC nicht nur in seiner Spannweite vergröfsern, also nach innen sinken, sondern seinen Fugen wird zu gleicher Zeit durch den geänderten Stand der Fuge BB', in der sich B' gegen B um denselben Winkel hebt, als um welchen sich die Widerlage dreht, bei gleich bleibender Fuge AA' eine Richtung gegen einander gegeben, die ein Oeffnen derselben auf ihrer äufsern Seite BAC in der genannten Winkeldistanz nothwendig macht. Diese Oeffnung der Fugen kann nicht ohne Ueberwindung der zwischen ihnen statt findenden Spannung erfolgen, und somit entsteht ein neues Moment, das da die Drehung um den innern Bogen $B'A'C'$ erfolgt, mit einer Kraft $= T \cdot \frac{b}{2}$ die Drehung verhindert. Nur darüber kann bei diesem Momente ein Bedenken statt finden, welche Fugen sich vornehmlich öffnen werden und welche Spannung T demnach in Anschlag zu bringen ist. In der Praxis bedingen es unstreitig die etwa schon vorhandenen Risse, in der Theorie dagegen wird man am besten die kleinste Spannung, also die Scheitelspannung $= b\varrho$, in Anschlag bringen. Uebrigens läfst sich von einer andern Seite noch die Nothwendigkeit dieses Momentes nachweisen, ohne auf die Spannung zurückzugehen; öffnen sich nämlich in der äufsern Gewölblinie die Fugen, so geht der Druck des Bogens mehr oder weniger auf die innere Linie über und der Stützpunkt rückt von b näher an B', was den Umsturz der Widerlage ohne alle Frage erschwert. — Fassen wir also die erwähnten Momente zusammen, so bekommen wir die Bedingungsgleichung

$$wk.\frac{w}{2}+V\left(w-\frac{b}{2}\right)+\frac{b}{2}.b\varrho = Wk.$$

Hierin ist $W = b\varrho$ und $V = b\sqrt{(2\varrho H+H^2)}$, folglich geht die Gleichung über in

$$\frac{k}{2}w^2+b\sqrt{(2\varrho H+H^2)}w = b\varrho k+\frac{b^2}{2}\sqrt{(2\varrho H+H^2)}-\frac{b^2}{2}\varrho,$$

und die Lösung derselben giebt

$$w = -\frac{b\sqrt{(2\varrho H+H^2)}}{k}+\sqrt{\left\{2b\varrho+\frac{b^2}{k}\sqrt{(2\varrho H+H^2)}-\frac{b^2\varrho}{k}+\frac{b^2(2\varrho H+H^2)}{k^2}\right\}}.$$

Um die richtigen Folgerungen aus dieser Formel leichter ziehen zu können, seien zuerst die halbe Spannweite G, die Höhe der Widerlage k, die Dicke des Bogens b constante Gröſsen, die Höhe desselben H dagegen und hiermit ϱ variabel. Dann giebt die Berechnung bei $G = 10$, $k = 10$, $b = 2$

1) wenn $H = 10$ ist, $\varrho = 6{,}19$ und
$w = -2{,}992+\sqrt{37{,}2596} = 3{,}112$,

2) wenn $H = 8$ ist, $\varrho = 7{,}29$ und
$w = -2{,}688+\sqrt{38{,}8456} = 3{,}545$,

3) wenn $H = 6$ ist, $\varrho = 9{,}22$ und
$w = -2{,}422+\sqrt{43{,}9014} = 4{,}204$,

4) wenn $H = 4$ ist, $\varrho = 13{,}12$ und
$w = -2{,}199+\sqrt{56{,}4696} = 5{,}315$,

5) wenn $H = 16$ ist, $\varrho = 4{,}60$ und
$w = -4{,}016+\sqrt{40{,}7200} = 2{,}365$,

6) wenn $H = 20$ ist, $\varrho = 4{,}05$ und
$w = -4{,}741+\sqrt{46{,}5428} = 2{,}081$.

Diese Berechnung zeigt, daſs mit zunehmender Höhe des Bogens unter übrigens gleichen Umständen die erforderliche Stärke der Widerlage verringert wird. — Aendert man b, so sei $G = 10$, $H = 10$, $k = 10$, dann ist

1) bei $b = 1$, $w = -1{,}496+\sqrt{15{,}4949} = 2{,}440$,

2) bei $b = 3$, $w = -4{,}488+\sqrt{65{,}1741} = 3{,}585$.

Die Stärke der Widerlage wächst hiernach, wie zu erwarten stand, mit der Dicke des Bogens. — Dafs sich ferner mit zunehmender Höhe der Widerlage ihre Stärke vergröfsert, ist zwar ebenso natürlich, doch bleibt dabei zu beachten, dafs sie anfänglich sehr schnell, später bei schon bedeutendem k nur langsam zunimmt. Man findet zum Belege bei $G = 10$, $H = 10$, $b = 2$

1) für $k = 1$, $w = -29{,}918 + \sqrt{955{,}356} = 0{,}991$,

2) für $k = 5$, $w = -5{,}984 + \sqrt{67{,}6632} = 2{,}252$,

3) für $k = \infty$, $w = \sqrt{24{,}76} = 4{,}974$.

Verändert man die Dimensionen von G, so liegen die Resultate schon in den bisherigen Angaben, da man zu den angegebenen Zahlen jede beliebige Gröfse als Einheit wählen kann.

II. Abschnitt.

Statik der Tonnengewölbe, mit Rücksicht auf Reibung.

§. 14.

Bestimmung der Kräfte, welche auf mehrere in einen beliebigen Bogen gestellte Stäbe einwirken.

Die bisherigen Untersuchungen können für die Theorie der Tonnengewölbe, wie sie wirklich ausgeführt werden, keineswegs genügen; denn nehmen wir die gefundenen Resultate zusammen, so reduciren sie sich für die Anwendung eigentlich darauf, dafs jeder gleich dicke Gewölbbogen, der vollkommen im Gleichgewichte stehen soll, und ebenso jeder, auf welchem oben eine horizontal begrenzte Belastung ruht, in der Form einer Kettenlinie geführt werden müsse. Obschon nun diese beiden Fälle die in der Praxis gewöhnlich vorkommenden sind, so unterliegt doch die Wölbung nach der Kettenlinie, ganz abgesehen von dem Eindruck, welchen sie auf uns macht, derartigen Schwierigkeiten, daſs man durchweg auf Kreiswölbungen oder denen ähnliche zurückgeht. Damit entsteht das Bedürfniſs, durch Rechnung die Gröſse und Richtung der auf einen solchen Bogen einwirkenden Kräfte zu bestimmen, damit man sicher übersehe, wie weit er diesen Kräften mittelst der Reibung zwischen den Steinen widerstehen und somit einen festen Stand behaupten könne; auch knüpft sich hieran wieder die Untersuchung über die erforderliche Stärke der Widerlage. — Um diese jetzt vorliegenden Fragen auf eine in allen Fällen ausreichende Weise zu lösen, betrachten wir zunächst wieder mehrere aus homogener, aber specifisch willkürlich schwerer Masse gebildete Stäbe, welche in irgend einen gegebenen Bogen gestellt sind, und untersuchen, wie wir die auf sie einwirkenden Kräfte bestimmen. Es seien also (Fig. 1.) diese Stäbe AB, BC, CD . . . .; sie stützen sich in A gegen die senkrechte Wand AG und ruhen unten auf einer festen Unterlage. Nehmen wir ihre Schwere der Reihe nach, wie oben, $= S, S', S''$ . . . . an, setzen ihre Schwerpunkte in ihre Mitte, und ziehen von hier aus die zu ihnen senkrechten Linien SM, $S'M'$, $S''M''$ . . . ., so seien gleichfalls wie früher die Winkel, welche sie mit der Vertikalen AG einschliefsen, $= \alpha, \alpha', \alpha''$ . . . . Nun wirken auf den Bogen nach der vertikalen Richtung die Kräfte $\frac{1}{2}S$ in A nach AG, $\frac{1}{2}(S+S')$ in B nach $B\beta$, $\frac{1}{2}(S'+S'')$ in C nach $C\gamma$ u. s. w. Von diesen Kräften können wir die erste $\frac{1}{2}S$ unmittelbar nach AB und nach AO senkrecht gegen AG zerlegen; dadurch erhalten wir mit Beibehaltung der frühern Bezeichnungen t, t', t'' . . . . gegen AG die Kraft $C = \frac{1}{2}S \operatorname{ctg} \alpha$, und in B die beiden Kräfte $t = \frac{\frac{1}{2}S}{\sin \alpha}$ und $\frac{1}{2}(S+S')$. Zerlegen wir diese weiter nach BC und auf die den Winkel CBA

halbirende Linie bb', so werden sich die letztern Seitenkräfte hier nicht mehr aufheben dürfen, weil wir sonst auf das frühere Gleichgewicht zurückkämen; es wird vielmehr ein Ueberschuſs einer Kraft auf bb' zurückbleiben, der nicht weiter auf die Stäbe zerlegt werden kann, sondern hier als eine Seitenkraft auftritt und später, wenn die Stäbe zusammen einen stetigen Bogen bilden, gegen diesen einen Normaldruck hervorbringt. Damit wir nun die so entspringenden Normalkräfte leichter bezeichnen und später herausstellen können, wollen wir in B, C, D . . . . nach b, c, d . . . . mit positiven Zeichen Kräfte $= n$, n', n'' . . . . angebracht denken, die grade von der Gröſse sind, daſs sie in Verein mit den Kräften $\frac{1}{2}(S+S')$, $\frac{1}{2}(S'+S'')$ . . . . die sämmtlichen Stäbe in vollkommenem Gleichgewicht erhalten; dann haben wir genau den früher betrachteten Fall, nur mit dem Unterschiede, daſs sich jetzt auf bb' die beiden Seitenkräfte von t und $\frac{1}{2}(S+S')$ mit n, auf cc' die beiden Seitenkräfte von t' und $\frac{1}{2}(S'+S'')$ mit n' u. s. w. aufheben müssen. Da überdies die sämmtlichen Winkel dieselbe Bezeichnung wie in §. 2. behalten, so lassen sich die aus der gesetzten Annahme folgenden Gleichungen unmittelbar herleiten. Sie sind von A aus:

$$C = \tfrac{1}{2} S \operatorname{ctg} \alpha,$$

$$t = \frac{\frac{1}{2} S}{\sin \alpha};$$

von B aus:

$$n + t\,\frac{\sin(\alpha' - \alpha)}{\cos\frac{\alpha' - \alpha}{2}} = \tfrac{1}{2}(S+S')\,\frac{\cos\alpha'}{\cos\frac{\alpha' - \alpha}{2}},$$

$$t' = t + \tfrac{1}{2}(S+S')\,\frac{\sin\frac{\alpha' + \alpha}{2}}{\cos\frac{\alpha' - \alpha}{2}};$$

von C aus:

$$n' + t'\,\frac{\sin(\alpha'' - \alpha')}{\cos\frac{\alpha'' - \alpha'}{2}} = \tfrac{1}{2}(S'+S''\,\frac{\cos\alpha''}{\cos\frac{\alpha'' - \alpha'}{2}},$$

$$t'' = t' + \tfrac{1}{2}(S' + S'') \frac{\sin\dfrac{\alpha'' + \alpha'}{2}}{\cos\dfrac{\alpha'' - \alpha'}{2}};$$

von D aus:

$$n'' + t'' \frac{\sin(\alpha''' - \alpha'')}{\cos\dfrac{\alpha''' - \alpha''}{2}} = \tfrac{1}{2}(S'' + S''') \frac{\cos\alpha'''}{\cos\dfrac{\alpha''' - \alpha''}{2}},$$

$$t''' = t'' + \tfrac{1}{2}(S'' + S''') \frac{\sin\dfrac{\alpha''' + \alpha''}{2}}{\cos\dfrac{\alpha''' - \alpha''}{2}};$$

wonach über den weitern Verlauf kein Bedenken statt finden kann.

Aus diesen Gleichungen zieht man nach und nach folgende Resultate:

$$\tfrac{1}{2}(S + S') \frac{\cos\alpha'}{\cos\dfrac{\alpha' - \alpha}{2}} = \frac{\tfrac{1}{2}S}{\sin\alpha} \cdot \frac{\sin(\alpha' - \alpha)}{\cos\dfrac{\alpha' - \alpha}{2}} + n$$

oder

$$\tfrac{1}{2}(S + S') \frac{\cos\alpha' \cos\alpha}{\sin(\alpha' - \alpha)} = C + \frac{\tfrac{1}{2}n\cos\alpha}{\sin\dfrac{\alpha' - \alpha}{2}};$$

ferner

$$t' = \frac{\tfrac{1}{2}S}{\sin\alpha} + \frac{\tfrac{1}{2}S}{\sin\alpha} \cdot \frac{\sin(\alpha' - \alpha)\sin\dfrac{\alpha' + \alpha}{2}}{\cos\dfrac{\alpha' - \alpha}{2}\cos\alpha'} + n \frac{\sin\dfrac{\alpha' + \alpha}{2}}{\cos\alpha'}$$

oder

$$t' = \frac{\tfrac{1}{2}S}{\sin\alpha} \left(\frac{\cos\dfrac{\alpha' - \alpha}{2}\cos\alpha' + \sin(\alpha' - \alpha)\sin\dfrac{\alpha' + \alpha}{2}}{\cos\dfrac{\alpha' - \alpha}{2}\cos\alpha'} \right) + n \frac{\sin\dfrac{\alpha' + \alpha}{2}}{\cos\alpha'},$$

wofür man auch setzen kann,

$$t' = \frac{1}{\cos\alpha'} \left(C + n\sin\frac{\alpha' + \alpha}{2} \right).$$

Demnächst erhält man

$$\tfrac{1}{2}(S'+S'')\frac{\cos\alpha''}{\cos\frac{\alpha''-\alpha'}{2}}=\frac{C\sin(\alpha''-\alpha')}{\cos\alpha'\cos\frac{\alpha''-\alpha'}{2}}+n\frac{\sin\frac{\alpha'+\alpha}{2}\sin(\alpha''-\alpha')}{\cos\alpha'\cos\frac{\alpha''-\alpha'}{2}}+n'$$

oder

$$\tfrac{1}{2}(S'+S'')\frac{\cos\alpha''\cos\alpha'}{\sin(\alpha''-\alpha')}=C+n\sin\frac{\alpha'+\alpha}{2}+\tfrac{1}{2}n'\frac{\cos\alpha'}{\sin\frac{\alpha''-\alpha}{2}};$$

und zugleich

$$t''=\frac{C}{\cos\alpha'}+\frac{n\sin\frac{\alpha'+\alpha}{2}}{\cos\alpha'}+\frac{C\sin(\alpha''-\alpha')\sin\frac{\alpha''+\alpha'}{2}}{\cos\alpha'\cos\alpha''\cos\frac{\alpha''-\alpha'}{2}}$$

$$+n\frac{\sin\frac{\alpha'+\alpha}{2}\sin(\alpha''-\alpha')\sin\frac{\alpha''+\alpha'}{2}}{\cos\alpha'\cos\alpha''\cos\frac{\alpha''-\alpha'}{2}}$$

$$+\tfrac{1}{2}n'\frac{\sin(\alpha''-\alpha')\sin\frac{\alpha''+\alpha'}{2}}{\cos\alpha''\sin\frac{\alpha''-\alpha'}{2}\cos\frac{\alpha''-\alpha'}{2}},$$

wofür sich auch schreiben läſst

$$t''=\left\{C+n\sin\frac{\alpha'+\alpha}{2}\right\}\left(\frac{\cos\alpha''\cos\frac{\alpha''-\alpha'}{2}+\sin(\alpha''-\alpha')\sin\frac{\alpha''+\alpha'}{2}}{\cos\alpha'\cos\alpha''\cos\frac{\alpha''-\alpha'}{2}}\right)$$

$$+n'\frac{\sin\frac{\alpha''+\alpha'}{2}}{\cos\alpha''},$$

und nach den erforderlichen Reduktionen

$$t''=\frac{1}{\cos\alpha''}\left(C+n\sin\frac{\alpha'+\alpha}{2}+n'\sin\frac{\alpha''+\alpha'}{2}\right).$$

Ganz auf ähnliche Weise liefern die beiden nächst folgenden Gleichungen

$$\tfrac{1}{2}(S''+S''')\frac{\cos\alpha'''\cos\alpha''}{\sin(\alpha'''-\alpha'')}=C+n\sin\frac{\alpha'+\alpha}{2}+n'\sin\frac{\alpha''+\alpha'}{2}$$

$$+\tfrac{1}{2}n''\frac{\cos\alpha''}{\sin\frac{\alpha'''-\alpha''}{2}},$$

$$t''' = \frac{1}{\cos\alpha'''}\left(C + n\sin\frac{\alpha'+\alpha}{2} + n'\sin\frac{\alpha''+\alpha'}{2} + n''\sin\frac{\alpha'''+\alpha''}{2}\right),$$

so dafs das Gesetz der Reihen deutlich hervortritt. Demnach ergiebt sich als allgemeine Gleichung nach der frühern Bezeichnungsweise

$$t^n = \frac{1}{\cos\alpha^n}\left(C + n\sin\frac{\alpha'+\alpha}{2} + n'\sin\frac{\alpha''+\alpha'}{2} + \ldots + n^m\sin\frac{\alpha^n+\alpha^m}{2}\right).$$

Entwickelt man ferner aus denselben Stammgleichungen die Werthe von n, n', n'' . . . ., so erhält man nach einfachen Reduktionen

$$n = \tfrac{1}{2}(S+S')\frac{\cos\alpha'}{\cos\frac{\alpha'-\alpha}{2}} - \frac{\frac{1}{2}S}{\sin\alpha}\cdot\frac{\sin(\alpha'-\alpha)}{\cos\frac{\alpha'-\alpha}{2}},$$

$$n' = \tfrac{1}{2}(S'+S'')\frac{\cos\alpha''}{\cos\frac{\alpha''-\alpha'}{2}} - \tfrac{1}{2}(S+S')\frac{\sin\frac{\alpha'+\alpha}{2}\sin(\alpha''-\alpha')}{\cos\frac{\alpha'-\alpha}{2}\cos\frac{\alpha''-\alpha'}{2}}$$

$$- \frac{\frac{1}{2}S}{\sin\alpha}\cdot\frac{\sin(\alpha''-\alpha')}{\cos\frac{\alpha''-\alpha'}{2}},$$

$$n'' = \tfrac{1}{2}(S''+S''')\frac{\cos\alpha'''}{\cos\frac{\alpha'''-\alpha''}{2}} - \tfrac{1}{2}(S'+S'')\frac{\sin\frac{\alpha''+\alpha'}{2}\sin(\alpha'''-\alpha'')}{\cos\frac{\alpha''-\alpha'}{2}\cos\frac{\alpha'''-\alpha''}{2}}$$

$$- \tfrac{1}{2}(S+S')\frac{\sin\frac{\alpha'+\alpha}{2}\sin(\alpha'''-\alpha'')}{\cos\frac{\alpha'-\alpha}{2}\cos\frac{\alpha'''-\alpha''}{2}}$$

$$- \frac{\frac{1}{2}S}{\sin\alpha}\cdot\frac{\sin(\alpha'''-\alpha'')}{\cos\frac{\alpha'''-\alpha''}{2}},$$

und wieder ganz allgemein

$$n^m = \tfrac{1}{2}(S^m + S^n)\frac{\cos\alpha^n}{\cos\frac{\alpha^n - \alpha^m}{2}} - \left\{\tfrac{1}{2}(S^l + S^m)\frac{\sin\frac{\alpha^m + \alpha^l}{2}}{\cos\frac{\alpha^m - \alpha^l}{2}} + \dots\right.$$

$$\left. + \tfrac{1}{2}(S + S')\frac{\sin\frac{\alpha' + \alpha}{2}}{\cos\frac{\alpha' - \alpha}{2}} + \frac{\tfrac{1}{2}S}{\sin\alpha}\right\}\frac{\sin(\alpha^n - \alpha^m)}{\cos\frac{\alpha^n - \alpha^m}{2}}.$$

Nach den gegebenen Erläuterungen sind unter den vorstehenden Bedingungsgleichungen die Stäbe in Ruhe, sofern auf sie aufser ihrer eigenen Schwere noch die Normalkräfte n, n', n'' .... einwirken. Denkt man die letztern, welche mit positivem Zeichen nach auswärts treiben, fortgenommen, so wird der Bogen an den entsprechenden Stellen mit ebenso grofsen Kräften nach innen gedrückt, und es mufs, soll er anders unter dieser Einwirkung nicht einstürzen, in B, C, D .... so viel Reibung oder ein anderes Hindernifs vorhanden sein, das durch seine Gegenwirkung den Druck der Normalkräfte aufheben kann. Wir haben also den Fall, wo die Reibung zwischen den Steinen in Anspruch genommen wird, um die Stabilität des Bogens hervorzubringen. — Wenn übrigens t^n als die letzte Tangentialkraft des Bogens berechnet ist, so findet man die horizontale Wirkung derselben $= W = t^n \cos\alpha^n$, und die vertikale $V = t^n \sin\alpha^n$.

Zusatz. Ich glaube diesen §., der die Grundlage zu den folgenden Untersuchungen enthält, nicht schliefsen zu dürfen, ohne noch Einiges über die von mir gewählte Vertheilung der Kräfte hinzuzufügen, da man in der Regel einen andern Gang wählt, der leichter zu falschen Vorstellungen führen kann. — Die Untersuchungen, welche späterhin über einen beliebigen Gewölbbogen angestellt werden, betreffen hauptsächlich das Ausgleiten desselben und die erforderliche Stärke der Widerlage. Um diese Verhältnisse richtig aufzufassen, betrachtet man den Bogen in allen seinen Fugen beweglich; diese Beweglichkeit aber, welche in der That bei noch weichem Mörtel sowohl, als wo die Fugen sich aus einander begeben und die Steine sich mehr mit den Kanten berühren, im Bogen vorhanden ist, giebt ihm die Aehnlichkeit mit einer gegliederten Linie, welche ich durch den Vergleich mit festen Stäben auszudrücken gesucht habe. Die auf den Bogen wirkenden Kräfte mufsten nun soweit als möglich auf ihn selbst zerlegt werden, damit sie durch ihn hindurch auf die feste Unterlage abgeleitet würden und hier ihren Stützpunkt fänden; soweit sie aber nicht vom Bogen aufgenommen werden konnten, wies ich ihnen ihre Richtung senkrecht gegen den Bogen an, welche Richtung eben der vorhergehenden gerade entgegengesetzt ist. Somit findet mein Gang seine Rechtfertigung in sich selbst. — Der andere Gang, der gewählt wird, ist der, dafs man die Gewölbsteine als Keile behandelt. Da sie diese Form wirklich haben, so hätte man auch hier auf dieselben Formeln kommen müssen, wenn man den passenden Weg eingeschlagen hätte. Man betrachte zuerst einen Keil A (*Fig.* 7.), der mit seinem Gewichte Q gegen die beiden zur Vertikalen gleich geneigten Ebenen CB und BD drückt, die mit einander den Winkel $CBD = \alpha$ einschliefsen. Das Gewicht Q zerlegt sich senkrecht gegen die Wände nach AE und AF und übt auf beide einen gleichen Druck $= P$; mit diesem Drucke entsteht eine Reibung, die, wenn der Reibungscoefficient $= \mu$ gesetzt wird, auf jeder Seite eine Kraft von B nach C und von B nach $D = \mu P$ hergiebt, welche vertikal nach oben genommen die Last Q um $2\mu P \cos\frac{\alpha}{2}$ vermindert; zerlegt man den Rest $Q - 2\mu P\cos\frac{\alpha}{2}$ auf die Wände, so beträgt er auf jede $\dfrac{Q-2\mu P\cos\frac{\alpha}{2}}{2\sin\frac{\alpha}{2}}$, welche Gröfse eben $= P$ ist. Daraus folgt $P = \dfrac{Q-2\mu P\cos\frac{\alpha}{2}}{2\sin\frac{\alpha}{2}}$ oder $P = \dfrac{\frac{1}{2}Q}{\sin\frac{\alpha}{2} + \mu\cos\frac{\alpha}{2}}$.

Dies ist die Formel für diesen Keil, wenn die Reibung beachtet wird. Ebenso liegt (Fig. 8.) der Keil O auf der Unterlage CB, die mit der horizontalen Ebene AB den Winkel $ABC = \alpha'$ bildet; auf dem Keile befinde sich weiter ohne allen Druck eine andere Ebene DB, unter $\angle CBD = 2\alpha$ gegen CB geneigt. Um die Kraft dieses Keils auf die Wände zu erfahren, zerfälle man seinen vertikalen Druck nach OQ senkrecht gegen CB und nach OE, die den Winkel 2α halbirt; so erhält man, da $\angle FOQ = \alpha'$ und $\angle QOE = 90^0 - (\alpha' + \alpha)$ ist, die Kraft nach $OF = P' = \frac{Q \cos(\alpha' + \alpha)}{\cos \alpha}$ und nach $OE = Q' = \frac{Q \sin \alpha'}{\cos \alpha}$. Mit dem Drucke P' entsteht nach BC eine Reibung $= \mu P'$ und es bleibt nach OE ein Zug $= \frac{Q \sin \alpha'}{\cos \alpha} - \mu P'$ übrig. Bildet dieser Zug eine negative Gröfse, so findet er in der Reibung seinen Widerstand, der Stein liegt still und übt weiter keinen neuen Druck weder auf CB noch DB aus; ist er dagegen positiv, so zerlege man diese Gröfse auf die Wände, indem man von hier ab ganz wie im ersten Falle verfährt. Nachdem ich zum bessern Verständnisse in die vorliegenden Umstände die Sätze vom Keile behandelt habe, wenn die Reibung in Anschlag kommt, wende ich mich zu einem Gewölbbogen, der aus mehrern Keilen zusammengesetzt ist. Diese Keile seien (Fig. 9.) S, S', S'' ...., ihre Schwerpunkte liegen in den angegebenen Punkten und ihre Schwere werde gleichfalls mit S, S', S'' .... bezeichnet; ferner mögen die Fugenrichtungen der an einander stehenden Keile mit der Vertikalen AC die Winkel α, α', α'' .... einschliefsen. Betrachtet man nun den ersten Keil S, der zwischen den Wänden B und D liegt und bringt bei seiner Wirkung die Reibung in Anschlag, so mufs sie natürlich durch die Wände B und D aufgehoben werden; da aber diese mit ihren Steinen ebenfalls beweglich sind und also dadurch einen neuen Zuwachs an Kraft erhalten, mit der sie nach innen sinken, so kann es bei diesen beweglichen Keilen zu nichts führen, die

Kraft ohne Weiteres von einem Keil durch die Reibung auf den andern zu übertragen, sondern man mufs entweder die Zerfällung der Kräfte so anstellen, als lägen die Keile ohne alle Reibung an einander, oder sie nur soweit beachten, dafs die Wirkung je zweier benachbarter Keile auf einander gleich wird, wie es in beiden Fällen das hergestellte Gleichgewicht erfordert. Der erste Fall bietet keine besondere Schwierigkeit dar; man zerlege nur die Kraft S aus ihrer Richtung SM senkrecht gegen die nächsten Fugen nach SD und SB, ebenso S' nach $S'B$ und $S'E$ u. s. w. Bezeichnet man hierbei der Kürze halber die Seitenkräfte nach aufwärts mit $t_1, t'_1, t''_1 \ldots$, nach abwärts $t, t', t'' \ldots$, so erhält man, da $\angle BSM = 90^\circ - \alpha$ und $\angle MSD = 90^\circ$ ist,

$$t_1 = \tfrac{1}{2} S \operatorname{ctg} \alpha \text{ und } t = \frac{\frac{1}{2} S}{\sin \alpha};$$

ferner von S', da $\angle ES'M' = 90^\circ - \alpha'$ und $\angle M'S'B = 90^\circ + \alpha$ ist,

$$t_1 = \frac{S' \cos \alpha'}{\sin(\alpha' - \alpha)} \text{ und } t' = \frac{S' \cos \alpha}{\sin(\alpha' - \alpha)};$$

ebenso von S'' aus

$$t''_1 = \frac{S'' \cos \alpha''}{\sin(\alpha'' - \alpha')} \text{ und } t'' = \frac{S'' \cos \alpha'}{\sin(\alpha'' - \alpha')};$$

u. s. w. Das hergestellte Gleichgewicht erfordert nun

$$t = t'_1; \quad t' = t''_1; \quad t'' = t'''_1 \text{ u. s. w.}$$

Werden diese Gleichungen weiter entwickelt, so führen sie auf die Kettenlinie. Ich übergehe sie als hinreichend bekannt und betrachte weiter den hier vorliegenden Fall, wo die aus einer solchen Zerfällung entspringenden Seitenkräfte sich nicht unmittelbar gleich stellen. Da dies indefs das hergestellte Gleichgewicht erfordert, so mufs unstreitig ein Theil von den Kräften der einzelnen Keile von den einen auf die andern durch Reibung übertragen und so durch gegenseitigen Austausch das Verlangte erzielt werden. Gesetzt nun, der Keil S' wirke im Gegensatz zu S zu stark, so mufs er durch die Reibung einen Theil seiner Kraft abgeben, z. B. die Kraft n, S'' gebe ebenso n'', S''' n''' u. s. w. ab; da die Reibung parallel zu den Fugen wirkt oder auf den Bogen übertragen senkrecht gegen denselben, so kann man die Kräfte, welche abgegeben werden müssen, unmittelbar in S', S'', S''' .... angebracht denken, nämlich in S' nach GH gehend, welche die Mitte zwischen den beiden nächsten Fugen hält. Zerfällen wir diese Kräfte, die bei S', S'' ... nicht in Anschlag kommen sollen, ebenfalls senkrecht gegen die Fugen, so geben sie nach beiden Seiten zu gleiche Kräfte, nämlich von S' aus nach $S'B$ und SE $\tau' = -\frac{\frac{1}{2}n}{\sin\frac{\alpha'-\alpha}{2}}$, von S'' aus nach SE und SF $\tau'' = -\frac{\frac{1}{2}n'}{\sin\frac{\alpha''-\alpha'}{2}}$, u. s. w. Ihre Gröfse bestimmt man dadurch, dafs nun mit den Kräften S, S'... zusammen das Gleichgewicht hergestellt sein mufs, also

$$t_1 = \tfrac{1}{2}S\operatorname{ctg}\alpha;\quad t = t'_1+\tau';\quad t'+\tau' = t''_1+\tau''$$

u. s. w., oder in der andern Bezeichnungsweise

$$t_1 = \tfrac{1}{2}S\operatorname{ctg}\alpha,$$

$$\frac{\frac{1}{2}S}{\sin\alpha} = \frac{S'\cos\alpha'}{\sin(\alpha'-\alpha)} - \frac{\frac{1}{2}n}{\sin\frac{\alpha'-\alpha}{2}},$$

$$\frac{S'\cos\alpha}{\sin(\alpha'-\alpha)} - \frac{\frac{1}{2}n}{\sin\frac{\alpha'-\alpha}{2}} = \frac{S''\cos\alpha''}{\sin(\alpha''-\alpha')} - \frac{\frac{1}{2}n'}{\sin\frac{\alpha''-\alpha'}{2}},$$

u. s. w. Daraus erhält man

$$n = \frac{S'\cos\alpha}{\cos\frac{\alpha'-\alpha}{2}} - \frac{\frac{1}{2}S}{\sin\alpha}\cdot\frac{\sin(\alpha'-\alpha)}{\cos\frac{\alpha'-\alpha}{2}},$$

$$n' = \frac{S''\cos\alpha''}{\cos\frac{\alpha''-\alpha'}{2}} - \frac{S'\cos\alpha\sin(\alpha''-\alpha')}{\sin(\alpha'-\alpha)\cos\frac{\alpha''-\alpha'}{2}}$$

$$+\frac{S'\cos\alpha'\sin(\alpha''-\alpha')}{2\sin\frac{\alpha'-\alpha}{2}\cos\frac{\alpha'-\alpha}{2}\cos\frac{\alpha''-\alpha'}{2}}$$

$$-\frac{\frac{1}{2}S}{\sin\alpha}\cdot\frac{\sin(\alpha'-\alpha)\sin(\alpha''-\alpha')}{2\sin\frac{\alpha'-\alpha}{2}\cos\frac{\alpha'-\alpha}{2}\cos\frac{\alpha''-\alpha'}{2}}$$

$$= \frac{S'' \cos\alpha''}{\cos\frac{\alpha''-\alpha'}{2}} - \frac{S'(\cos\alpha - \cos\alpha')\sin(\alpha''-\alpha')}{\sin(\alpha'-\alpha)\cos\frac{\alpha''-\alpha'}{2}}$$

$$- \frac{\frac{1}{2}S}{\sin\alpha} \cdot \frac{\sin(\alpha''-\alpha')}{\cos\frac{\alpha''-\alpha'}{2}}$$

$$= \frac{S'' \cos\alpha''}{\cos\frac{\alpha''-\alpha'}{2}} - \frac{S' \sin\frac{\alpha'+\alpha}{2} \sin(\alpha''-\alpha')}{\cos\frac{\alpha'-\alpha}{2} \cos\frac{\alpha''-\alpha'}{2}}$$

$$- \frac{\frac{1}{2}S}{\sin\alpha} \cdot \frac{\sin(\alpha''-\alpha')}{\cos\frac{\alpha''-\alpha'}{2}},$$

und auf dieselbe Weise die übrigen n'', n''' .... Die so eben gefundenen Gleichungen sind keine andern, als die im Obigen enthaltenen, sobald man nur die Elemente S'', S' .... mit $\frac{1}{2}(S'+S'')$, $\frac{1}{2}(S+S')$ vertauscht; also führt auch diese Betrachtungsweise auf dieselben Resultate; so daſs über die Richtigkeit der Formeln kein Bedenken sein kann, man mag dem einen oder dem andern Gange den Vorzug ertheilen.

§. 15.

Die Kräfte, welche auf eine gegebene stetige schwere Curve wirken.

Sobald die im vorigen §. betrachteten Stäbe hinreichend kurz werden und in Ansehung ihrer Schwere einem bekannten Gesetze unterworfen sind, so kann die ganze Zusammenstellung wieder als ein stetiger schwerer Bogen betrachtet werden und die auf ihn wirkenden Kräfte lassen sich auf übersichtlichere Formeln bringen. Sieht man nämlich zunächst auf die allgemeine Gleichung für t^n, so entspricht der Winkel α^n dem Winkel desjenigen Bogenelements, in welchem t^n die Tangentialkraft oder Spannung ausdrückt, ferner ist $\sin\frac{\alpha'+\alpha}{2}$ gleich dem Sinus des Winkels, welcher die Normale zu dem

Bogentheil, woran n wirkt, mit der Vertikalen bildet, auf dieselbe Weise gehört $\sin\frac{\alpha''+\alpha'}{2}$ zu n', $\sin\frac{\alpha'''+\alpha''}{2}$ zu n'' u. s. w.; man findet also t^n oder allgemein $T_{(\alpha)}$ aus

$$T_{(\alpha)} = \frac{1}{\cos\alpha}(C + \int N \sin\alpha),$$

worin N allgemein die Kräfte n, n', n'' .... bezeichnet und das Integral von $\alpha = 0$ bis $\alpha = \alpha$, dem zu $T_{(\alpha)}$ gehörigen Winkel genommen werden mufs, wozu natürlich auch $\cos\alpha$ gehört. — Die zweite Hauptformel für n^m oder in jetziger Bezeichnungsweise für N enthält zunächst nach einander die Elemente dQ des schweren Bogens Q; die Winkel in $\sin\frac{\alpha'+\alpha}{2}$, $\sin\frac{\alpha''+\alpha'}{2}$ .... beziehen sich auf die Elemente dQ, mit welchen sie in der Formel verbunden sind; ferner ist $\sin(\alpha^m - \alpha^n)$ $= d\alpha$ das Differential des Winkels α zu n^m und $\cos\frac{\alpha^m - \alpha^n}{2}$ wird unter den vorhandenen Bedingungen $= 1$; somit läfst sich der Gleichung die bequemere Form

$$N = dQ\cos\alpha - (\int dQ \sin\alpha)\,d\alpha - \frac{\frac{1}{2}S}{\sin\alpha_1}\,d\alpha$$

geben, worin das Integral von $\alpha = 0$ bis $\alpha = \alpha$, dem zu N gehörigen Winkel genommen wird, und α_1 in $\frac{\frac{1}{2}S}{\sin\alpha_1}$ den zum ersten Elemente $\frac{1}{2}S$ gehörigen Winkel bezeichnet, weshalb hier der Index, um Verwechslungen zu vermeiden, hinzugefügt wurde. Erhält man für N eine positive Gröfse, so wirkt nach dem Obigen die Normalkraft von aufsen nach innen auf den Bogen, und die Steine widerstehen in umgekehrter Richtung; hat N dagegen einen negativen Werth, so geht der Druck von innen nach aufsen.

Die Gröfse C hat bei stetig gebogenem Scheitel denselben Werth wie früher; sie drückt eine Kraft aus gleich dem Krümmungsradius ϱ der Curve im Scheitel mnltiplicirt mit dem die Schwere des obersten Elements bestimmenden Faktor b; ebenso grofs ist auch $\frac{\frac{1}{2}S}{\sin\alpha_1}$, da $\cos\alpha_1$ im Scheitel $= 1$ ist. Somit dienen denn bei jeder stetig im Scheitel gebogenen Curve, die als Gewölbbogen auftritt, zur Bestimmung der auf sie wirkenden Kräfte die Gleichungen:

$$N = dQ\cos\alpha - (\int dQ\sin\alpha)\,d\alpha - b\varrho d\alpha,$$

$$T_{(\alpha)} = \frac{1}{\cos\alpha}(b\varrho + \int N\sin\alpha),$$

und daraus noch

$$W = b\varrho + \int N\sin\alpha,$$

$$V = \operatorname{tang}\alpha(b\varrho + \int N\sin\alpha).$$

Diese Formeln finden übrigens auf jeden schweren Bogen ihre Anwendung, er mag aus einzelnen längern oder kürzern Theilen bestehen oder auch ganz massiv sein; denn überall kann man zum Behufe der Berechnung den Bogen in einzelne Elemente zerlegen und da wir allein die Reibung zwischen den Gliedern als nothwendig supponirt haben, so ist diese um so mehr vorhanden, wenn die Theile des Bogens fest mit einander verbunden sind.

§. 16.

Die Vertheilung der Kräfte auf einem Kreisbogen von gleicher Dicke.

Die mitgetheilten Gleichungen lassen sich ohne weitere Umstände auf einen kreisförmigen Gewölbbogen von gleicher Dicke anwenden, wenn man nur nach dem Frühern den mittlern Bogen vom Radius r als Spannungscurve betrachtet und in ihm die Masse der einzelnen Bogenelemente concentrirt denkt. Ist dann b die Dicke dieses Bogens, der eine Länge $= s$ besitzt, so geht Q in bs und dQ in bds über, oder auch, da $s = r\alpha$ ist, Q in $br\alpha$ und dQ in $brd\alpha$. Werden diese Werthe in die obige Gleichung für N substituirt und $\varrho = r$ gesetzt, so erhält man

$$N = .br\cos\alpha d\alpha - (\int br \sin\alpha d\alpha)\, d\alpha - brd\alpha;$$

nun ist $\int br \sin\alpha d\alpha$, von $\alpha = 0$ bis $\alpha = \alpha$ genommen, $= -br\cos\alpha + br$, folglich

$$N = -2br(1-\cos\alpha)\, d\alpha.$$

Nach dem vorigen §. bedeutet das negative Zeichen bei N, daſs die Normalkräfte den Bogen von innen nach auſsen treiben, also die Reibung in entgegengesetzter Richtung von auſsen nach innen dem Ausgleiten der Steine widersteht. Diese Normalkräfte nehmen mit wachsendem Winkel α oder mit der vergröſserten Ausdehnung des Bogens zu; bei $\alpha = 60^0$ ist $N = -brd\alpha$, bei $\alpha = 90^0$, wo der ganze Gewölbbogen einen Halbkreis bildet, $N = -2brd\alpha$.

Die Spannung im Bogen T findet man ferner aus

$$T_{(\alpha)} = \frac{1}{\cos\alpha}(br + \int N \sin\alpha);$$

dies giebt hier, wo $N = -2br(1-\cos\alpha)\, d\alpha$ und $-\int 2br(1-\cos\alpha)\sin\alpha d\alpha = br(2\cos\alpha - \cos^2\alpha - 1)$ ist,

$$T_{(\alpha)} = br(2-\cos\alpha),$$

also auch $W = br(2-\cos\alpha)\cos\alpha$ und $V = br(2-\cos\alpha)\sin\alpha$. Bei $\alpha = 90^0$ ist $W = 0$, $T = V = 2br$, folglich gleich der doppelten Spannung im Scheitel. — Bei diesem Resultate könnte es vielleicht auffallen, daſs der Viertelkreis sich gegen seine Unterlage mit einer Kraft $= 2br$ stemmen soll, während er im Ganzen doch nur ein Gewicht $= br\frac{\pi}{2}$ hat, oder allgemein daſs ein Bogen von der Ausdehnung $r\alpha$ auf die Unterlage mit einer Kraft $= br(2-\cos\alpha)\sin\alpha$ vertikal nach unten drücken soll, während seine Schwere nur $br\alpha$ beträgt; allein man wird sicher sogleich sehen, daſs man, um nicht allein die Spannung im Bogen, welche uns nur eine einzelne Kraft an dem Orte giebt, wo wir sie angebracht denken, sondern um vielmehr seinen gesammten vertikalen Druck zu bekommen, auch die Wirkung der Normalkräfte N in Anschlag bringen müsse. Diese letztern treiben in Betracht ihres Zeichens den Bogen nach oben mit einer Kraft $= -\int N\cos\alpha$

oder nach unten mit einer Kraft $= \int N \cos\alpha$, da jede einzeln eine vertikale Seitenkraft $= n \cos\alpha$ giebt. Es ist aber $\int N \cos\alpha$, von $\alpha = 0$ bis $\alpha = \alpha$ genommen, $= -\int 2br(1 - \cos\alpha)\cos\alpha d\alpha$ $= -2br \sin\alpha + br \sin\alpha \cos\alpha + br\alpha$, also der gesammte Druck nach unten $= br(2 - \cos\alpha)\sin\alpha + br(\sin\alpha\cos\alpha - 2\sin\alpha + \alpha)$ $= br\alpha$, grade wie es verlangt wird.

Die Spannung $T_{(\alpha)}$ im Gewölbbogen giebt uns ein Mittel an die Hand, die gröfsste Weite eines freien kreisförmigen Tonnengewölbes zu bestimmen, das noch hinreichende Festigkeit in sich gegen das Zerdrücken der Steine besitzen soll. Die Spannung $T_{(\alpha)}$ wirkt nämlich an der in Betracht gezogenen Stelle senkrecht gegen die die Steine trennende Fuge; es kommt hierzu der Druck der Normalkräfte vertikal nach unten $= \int_0^\alpha N \cos\alpha$ und aus eben diesen Kräften der horizontale nach aufsen gehende Zug $= -\int_0^\alpha N \sin\alpha$; beide geben senkrecht gegen die Fuge zerlegt einen Druck $= (\int_0^\alpha N \cos\alpha)\sin\alpha$ $-(\int_0^\alpha N \sin\alpha)\cos\alpha$, wonach die ganze Last, welche der nächst folgende Stein zu tragen hat, sich auf $T_{(\alpha)} + (\int_0^\alpha N\cos\alpha)\sin\alpha$ $-(\int_0^\alpha N \sin\alpha)\cos\alpha$ beläuft. Es ist aber $T_{(\alpha)} = br(2 - \cos\alpha)$, $(\int_0^\alpha N\cos\alpha)\sin\alpha = br(-2\sin^2\alpha + \sin^2\alpha\cos\alpha + \alpha\sin\alpha)$, $-(\int_0^\alpha N\sin\alpha)\cos\alpha = br(-2\cos^2\alpha + \cos^3\alpha + \cos\alpha)$; also der Druck auf die Fuge $= br(\cos\alpha + \alpha\sin\alpha)$. Soll derselbe den Steinen nicht schaden, so darf nach §. 5., wenn g das specifische Gewicht des Materials und D die auf einen Quadratfufs zulässige Last bezeichnet, hier wo bei einer Breite $= 1$ sich die Last auf b Quadratfufs vertheilt, als Grenzwerth nur

$$66gr(\cos\alpha + \alpha\sin\alpha) = D$$

angenommen werden. Diese Formel läfst sich auch durch die halbe Spannweite G und durch die Höhe H des Gewölbes ausdrücken; man hat hierzu $r\sin\alpha = G$, $r\cos\alpha = r - H$, also $r^2 = G^2 + (r - H^2)$, $r = \frac{G^2 + H^2}{2H}$ und $r\cos\alpha = \frac{G^2 - H^2}{2H}$; substituirt man diese Werthe in die vorstehende Gleichung, so nimmt sie die Form

$$\frac{G^2-H^2}{2H}+G\alpha=\frac{D}{66g}$$

an. Es sei nun, wie in §. 5., für Ziegelsteine $D = 8093$ und $g = 1\frac{1}{3}$, für Sandsteine $D = 18943$ und $g = 2$, so stellt sich die Formel im erstern Falle auf $\frac{G^2-H^2}{2H}+G\alpha = 73{,}6$

im andern auf $\frac{G^2-H^2}{2H}+G\alpha = 143{,}5$,

und man erhält als zulässige Spannweiten

1) bei $H = G$,	wo $\alpha = 1{,}5708$,	für Ziegelsteine	$G = 46{,}8$ rh. F.
		für Sandsteine	$G = 91{,}4$ -
2) bei $H = 0{,}8G$,	wo $\alpha = 1{,}3494$,	für Ziegelsteine	$G = 46{,}7$ -
		für Sandsteine	$G = 91{,}2$ -
3) bei $H = 0{,}6G$,	wo $\alpha = 1{,}0809$,	für Ziegelsteine	$G = 45{,}6$ -
		für Sandsteine	$G = 88{,}8$ -
4) bei $H = 0{,}4G$,	wo $\alpha = 0{,}76096$,	für Ziegelsteine	$G = 40{,}6$ -
		für Sandsteine	$G = 79{,}2$ -

§. 17.

Das Ausgleiten eines kreisförmigen Gewölbbogens.

Obschon die einzelnen Normalkräfte N bei einem kreisförmigen Gewölbe unstreitig nicht die Gröſse erreichen, um einen einzelnen Gewölbstein aus seiner Lage zu rücken, so vermögen sie doch vielleicht alle zusammen den ganzen Gewölbbogen zum Ausgleiten zu bringen und diesen Fall wollen wir jetzt näher untersuchen. Es liegen hierbei zwei denkbare Umstände vor. Einmal können die sämmtlichen Normalkräfte nach horizontaler Richtung zerlegt in Verbindung mit der nach derselben Richtung zerfällten Spannungskraft den ganzen Bogen nach auſsen treiben und ihn erweitern, indem sich dabei die einzelnen Steine weiter nach unten senken, aber sämmtliche Fugen wenigstens zunächst ihre Richtung gegen einander behalten. Dieser Fall tritt am ersten unmittelbar nach Ausräumung des Gewölbes ein, wo die Steine noch wenig oder gar nicht durch den Mörtel verbunden sind. Ist diese Verbindung erfolgt, so kann auch zweitens ein ganzes Gewölbstück dadurch zum Ausgleiten kommen, dafs einzelne Risse entstehen und sich nun der ganze Theil um feste Stützpunkte herausdreht, wobei die Fugen gegen einander ihre Stellung verändern. Wir wollen beide Fälle einzeln betrachten, und um sie auch späterhin von einander leichter zu unterscheiden, den ersten als ein Ausgleiten bei unveränderter Lage der Fugen, den zweiten als ein Ausgleiten bei veränderter Fugenrichtung behandeln.

I. Für den ersten Fall sei der Gewölbbogen $ABA'B'$ (Fig. 10.), dessen letzte Fuge BB' mit AO den Winkel α bildet, noch in allen seinen Fugen beweglich und enthalte deren unbestimmt viele, wobei die zum Ausgleiten treibende Kraft ihren gröfssten Werth erhält. Auf diesen Bogen wirken die Normalkräfte N und zwar wegen ihres negativen Zeichens nach aufsen nach nN gerichtet, aufserdem die Spannung in b senkrecht gegen BB' nach bH. Die letztere Kraft zerlegt sich nach bF vertikal nach unten als $T_{(\alpha)} \sin\alpha = V$, und nach bG in horizontaler Richtung $= T_{(\alpha)} \cos\alpha = W$; ebenso zerfallen die einzelnen Normalkräfte und man erhält den ganzen vertikalen Druck $= V + \int N \cos\alpha$ und den horizontalen $= W - \int N \sin\alpha$. Soll nun das Gewölbe auf der Fuge BB' gleiten, so zerfälle man weiter diese Kräfte senkrecht auf BB' und parallel zu dieser Fuge; dies giebt den senkrechten Druck $= (V + \int N \cos\alpha) \sin\alpha + (W - \int N \sin\alpha) \cos\alpha$ und demnach eine Reibung $= \mu[(V + \int N \cos\alpha) \sin\alpha + (W - \int N \sin\alpha) \cos\alpha]$, ferner den Zug nach $bB = (W - \int N \sin\alpha) \sin\alpha - (V + \int N \cos\alpha) \cos\alpha$. Beide Kräfte einander gleich gesetzt liefern bei vollkommener Beweglichkeit aller Theile den Grenzwerth von μ, der noch das Gleiten verhindern kann. Es war aber $W = br(2 - \cos\alpha) \cos\alpha$, $V = br(2 - \cos\alpha) \sin\alpha$, $\int N \sin\alpha = br(2\cos\alpha - \cos^2\alpha - 1)$ und $\int N \cos\alpha = -2br \sin\alpha + br \sin\alpha \cos\alpha + br\alpha$, also $V + \int N \cos\alpha = br\alpha$ und $W - \int N \sin\alpha = br$; die Substitution dieser Werthe in die obigen Formeln liefert die Bedingungsgleichung, daſs gegen das Ausgleiten

$$\mu(br\alpha\sin\alpha + br\cos\alpha) > br\sin\alpha - br\alpha\cos\alpha$$

sein müsse, also

$$\mu > \frac{\sin\alpha - \alpha\cos\alpha}{\alpha\sin\alpha + \cos\alpha},$$

und bei $\alpha = 90^0$

$$\mu > \frac{2}{\pi}.$$

Die Berechnung giebt bei $\alpha = 45^0$ $\mu > -0{,}222$, bei $\alpha = 60^0$ $\mu > 0{,}244$, bei $\alpha = 75^0$ $\mu > 0{,}412$, bei $\alpha = 80^0$ $\mu > 0{,}479$, bei $\alpha = 85^0$ $\mu > 0{,}554$ und bei $\alpha = 90^0$ $\mu > 0{,}638$. Damit man leichter erkenne, daſs bei gröſseren Gewölbsteinen, also bei geringerer Beweglichkeit im Bogen, sich die Kraft zum Ausgleiten in etwas mindert, so gehe der Scheitelstein allein ohne Unterbrechung bis zum Winkel α' fort, und nur der übrige Theil des Bogens bleibe beweglich. Die nach auswärts wirkenden Normalkräfte findet man jetzt aus $-\int N\sin\alpha$, genommen von $\alpha = \alpha'$ bis $\alpha = \alpha$; dies giebt $-\int_{\alpha'}^{\alpha} N\sin\alpha = br(2\cos\alpha' - 2\cos\alpha + \cos^2\alpha - \cos^2\alpha')$ und mit $T_{(\alpha)}\cos\alpha$ zusammen den horizontalen Zug $= br(2 - \cos\alpha')\cos\alpha'$; ebenso ist der vertikale Druck $= T_{(\alpha)}\sin\alpha + \int_{\alpha'}^{\alpha} N\cos\alpha = br(2\sin\alpha' - \sin\alpha'\cos\alpha' + (\alpha - \alpha'))$. Ferner sind noch die Normalkräfte am Scheitelsteine vorhanden, da seine Spannung $T_{(\alpha')}$ schon in der vorigen Formel begriffen ist. Wegen der Festigkeit des Steins und seines Zusammenhanges nach beiden Seiten des Gewölbes sind seine Normalkräfte nach horizontaler Richtung zerlegt ohne allen Einfluſs, vertikal nach unten geben sie aber einen Druck $= \int_0^{\alpha'} N\cos\alpha = br(-2\sin\alpha' + \sin\alpha'\cos\alpha' + \alpha')$, so daſs der nächst folgende Stein wie beim Keile einen Normaldruck $= br\left(-2 + \cos\alpha' + \frac{\alpha'}{\sin\alpha'}\right)$ erfährt, der nach horizontaler Richtung eine Kraft $= br(-2\cos\alpha' + \cos^2\alpha' + \alpha'\operatorname{ctg}\alpha')$ und vertikal nach unten eine Kraft $= br(-2\sin\alpha' + \sin\alpha'\cos\alpha' + \alpha')$ hergiebt. Nimmt man das Einzelne zusammen, so stellt sich der ganze vertikale Druck in der Fuge α auf $br\alpha$ und der ganze horizontale Zug auf $b r \alpha' \operatorname{ctg} \alpha'$, so dafs die Bedingung entsteht

$$\mu > \frac{\alpha' \operatorname{ctg} \alpha' \sin \alpha - \alpha \cos \alpha}{\alpha \sin \alpha + \alpha' \operatorname{ctg} \alpha' \cos \alpha}.$$

Man setze der leichtern Uebersicht wegen $\alpha = 90^0$, dann erhält man

$$\mu > \frac{2\alpha' \operatorname{ctg} \alpha'}{\pi},$$

und man bemerkt leicht, dafs dieser Werth immer kleiner als der obige $\frac{2}{\pi}$ bleibt. Bei $\alpha' = 90^0$ ist $\alpha' \operatorname{ctg} \alpha' = 0$, denn ein durchaus massiver Bogen kann auch nicht gleiten, bei $\alpha' = 45^0$ ist $\alpha' \operatorname{ctg} \alpha' = \frac{\pi}{4}$ und $\mu > \frac{1}{2}$.

II. Beim zweiten Falle des Ausgleitens nehme man an, dafs mehrere Steine fest an einander haften und gleichsam ein massives Gewölbstück bilden; dieses wird sich, da die Normalkräfte vom Scheitel ab wachsen, am leichtesten aus seiner Lage schieben, wenn sich (Fig. 11.) die Scheitelfuge AB in Folge eines vorhandenen Risses aus einander begiebt, ebenso eine tiefere Fuge z. B. CD, und nun das ganze Stück sich um A als Drehungspunkt nach aufsen hinausdrängt. Die hierzu wirkenden Kräfte sind die Normalkräfte N, von denen jede an einem Hebelarm $= AF$ den Bogen hinaustreibt; hiergegen widerstrebt einmal die Reibung in C, in welchem Punkte die Spannung $T_{(\alpha)}$ normal auf den nächsten Gewölbstein drückt und wonach $\mu T_{(\alpha)}$ am Hebelarm AG die Drehung verhindert; zweitens wirkt entgegen die Spannung in der Fuge AB sowohl als in CD, die beide sich öffnen müssen und damit zwei Momente gleich den Spannungen multiplicirt mit $\frac{b}{2}$ d. i. mit der halben Dicke des Gewölbes liefern. Setzt man wie bisher den mittlern Radius der Wölbung $= r$ und den zur Fuge CD gehörigen Winkel $= \alpha$, so kann so lange kein Ausschieben statt finden, als

$$-\int N \,.\, AF > \mu T_{(\alpha)} \,.\, AG + \frac{b}{2} T_{(\alpha)} + \frac{b}{2} \,.\, br$$

ist. Aber $AF = \left(r+\frac{b}{2}\right)\sin\alpha$, $AG = \left(r+\frac{b}{2}\right)\sin\alpha$, $N = -2br(1-\cos\alpha)\,d\alpha$, $T_{(\alpha)} = br(2-\cos\alpha)$, folglich entsteht die Bedingungsgleichung

$$-\left(r+\frac{b}{2}\right)(1-2\cos\alpha+\cos^2\alpha)$$

$$< \mu\left(r+\frac{b}{2}\right)(2-\cos\alpha)\sin\alpha + \frac{b}{2}(3-\cos\alpha)$$

oder

$$\mu > \frac{r(1-2\cos\alpha+\cos^2\alpha) - \frac{b}{2}(2+\cos\alpha-\cos^2\alpha)}{\left(r+\frac{b}{2}\right)(2-\cos\alpha)\sin\alpha}.$$

Bei $\alpha = 90^0$ giebt die Formel den gröfsten Werth, den μ zur Sicherstellung des Bogens erhalten mufs, nämlich

$$\mu > \frac{r-b}{2r+b},$$

woraus als Grenzwerth $\mu > \frac{1}{2}$ folgt. Die Berechnung giebt ferner, wenn man $r = 10$, $b = 2$ setzt, bei $\alpha = 45^0$ für μ einen negativen Werth, so dafs hier kein Ausgleiten statt findet, bei $\alpha = 60^0$ $\mu > 0{,}045$, bei $\alpha = 75^0$ $\mu > 0{,}178$, bei $\alpha = 80^0$ $\mu > 0{,}237$, bei $\alpha = 85^0$ $\mu > 0{,}298$, bei $\alpha = 90^0$ $\mu > 0{,}364$. — Die Vergleichung der beiden Angaben lehrt, dafs bei einer Ausdehnung des Bogens über 60^0 eine Hintermauerung desselben zweckmäfsig erscheint, man müsse denn eine andere Abhülfe gegen die Gefahr des Ausgleitens anbringen.

§. 18.

Vom Bruche eines kreisförmigen Gewölbes.

Das freie kreisförmige Tonnengewölbe ist unter dem Einflusse der auf es wirkenden Normalkräfte noch einer andern Gefahr ausgesetzt, nämlich irgendwo um die Mitte des Bogens zerbrochen und somit gestürzt zu werden. Um sich hiervon zu überzeugen, sei der Bogen $ABCD$ (Fig. 12.), der eine Dicke $AB = CD = b$ besitzt, nur soweit ausgedehnt, dafs eine Linie von A nach C über die innere Wölbungslinie als Sehne fortgeht, dann können (natürlich wenn die bindende Kraft des Mörtels fehlt) die Normalkräfte bei gehöriger Stärke den Bogen in der Scheitelfuge AB und in der Grundfuge CD öffnen, A und C zu Drehungspunkten nehmend, und zusammen den mittleren Theil hinausdrängen, indem die Gewölbstücke in der Fuge EF bei E zusammenbleiben und bei F aus einander gehen. Wir müssen also untersuchen, in wie weit hierzu die Normalkräfte genügen. Bilden die beiden Gewölbstücke $AFEB$ und $CDFE$ fest zusammenhängende Massen, die sich um A, C und E drehen, so wirkt am obern Stücke die Normalkraft N am Hebel AG und die andern ähnlich, am untern Stücke die Normalkraft N' am Hebel CH und die andern wiederum ähnlich; ihrer Wirkung leisten Widerstand einmal die Scheitelspannung in AB, dann die doppelte Spannung in FE, da der geöffnete Winkel hier doppelt so grofs ist, endlich die Spannung in CD, alle drei als in die Mitte der Fugen gesetzt an einem Hebelarm $= \frac{b}{2}$. Indessen soll diese Drehung vor sich gehen, so müssen auch noch beide Gewölbstücke mit gleicher Leichtigkeit bewegt werden; wären daher die Momente z. B. am untern Stücke bedeutender als am obern, so würde ein Theil der untern Kräfte von E aus sich auf das obere Gewölbstück übertragen, und kämen sie dadurch an einen längern oder kürzern Hebelarm nach A hin, so würde ihr Moment vergröfsert oder verkleinert. Dieser Umstand erschwert die sichere Berechnung, namentlich erschwert er die Untersuchung, wenn es darauf ankommt diejenige Fuge zu finden, in welcher der Bruch am leichtesten erfolgt. Soviel ist freilich aus der Gröfse der Normalkräfte, die weiter vom Scheitel ab bedeutender wachsen, mit einiger Sicherheit abzunehmen, dafs, obschon auch die Spannung weiter nach unten hin im Bogen zunimmt, doch die Fuge des leichtesten

Bruchs etwas über die Mitte des Bogens nach unten hinausfällt. Allein eine genaue Berechnung kann schwerlich ohne grofse Weitläuftigkeiten geführt werden; kommt nun dazu, dafs für den praktischen Gebrauch eine strenge Rechnung grade auch keinen bedeutenden Werth hat, sondern dafs das Hauptinteresse hier in der Vergleichung der Resultate unter verschiedenen Bedingungen liegt, so scheint es mir passend zu sein, die Fuge des Bruchs gerade in die Mitte des Bogens zu legen, weil hierbei in E die Hebelarme nach beiden Seiten gleich sind, also die Uebertragung der Kraft von einem Gewölbstück auf das andere ohne weitere Reduktion erfolgt. Nehmen wir diese Beschränkung auf und setzen den zur untersten Fuge CD gehörigen Winkel $= \alpha'$, und somit den zu EF gehörigen $= \frac{\alpha'}{2}$, so erhalten wir aus den verschiedenen Momenten die Bedingungsgleichung, dafs so lange kein Bruch erfolgen kann, als

$$-\left(r+\frac{b}{2}\right)\int_0^{\frac{\alpha'}{2}} N \sin\alpha - \left(r+\frac{b}{2}\right)\int_{\frac{\alpha'}{2}}^{\alpha'} N \sin(\alpha'-\alpha)$$
$$< \frac{b}{2} \cdot br + \frac{b}{2} T_{(\alpha')} + 2 \cdot \frac{b}{2} T_{\left(\frac{\alpha'}{2}\right)}$$

ist. Nun ist $T_{(\alpha')} = br(2-\cos\alpha')$, $T_{\left(\frac{\alpha'}{2}\right)} = br\left(2-\cos\frac{\alpha'}{2}\right)$

$N = -2br(1-\cos\alpha)$, $-\int_0^{\frac{\alpha'}{2}} N \sin\alpha = -br\left(2\cos\frac{\alpha'}{2} - \cos^2\frac{\alpha'}{2} - 1\right)$

und $-\int_{\frac{\alpha'}{2}}^{\alpha'} N \sin(\alpha'-\alpha) = -\sin\alpha' \int N \cos\alpha + \cos\alpha' \int N \sin\alpha$

$= br \sin\alpha' \left(2\sin\alpha' - \sin\alpha'\cos\alpha' - \alpha' - 2\sin\frac{\alpha'}{2} + \sin\frac{\alpha'}{2}\cos\frac{\alpha'}{2} + \frac{\alpha'}{2}\right)$

$+ br\cos\alpha'\left(2\cos\alpha' - \cos^2\alpha' - 2\cos\frac{\alpha'}{2} + \cos^2\frac{\alpha'}{2}\right)$. Werden diese Werthe in die obige Gleichung substituirt und mit br auf beiden Seiten dividirt, so erhält man nach einigen Reduktionen

$$\left(r+\frac{b}{2}\right)\left(1-2\cos\frac{\alpha'}{2}+\cos^2\frac{\alpha'}{2}\right)$$

$$+\left(r+\frac{b}{2}\right)\left(2-\cos\alpha'-\frac{\alpha'}{2}\sin\alpha'-2\cos\frac{\alpha'}{2}+\cos^2\frac{\alpha'}{2}\right)$$

$$<\frac{b}{2}+\frac{b}{2}(2-\cos\alpha')+b\left(2-\cos\frac{\alpha'}{2}\right)$$

Löst man die Parenthesen auf und setzt die Glieder, welche r, und die, welche $\frac{b}{2}$ zum Faktor haben, auf entgegengesetzte Seiten, so mufs bei einem kreisförmigen Gewölbe zur Sicherstellung desselben gegen den Bruch in der Mitte

$$r\left(4-4\cos\frac{\alpha'}{2}-\frac{\alpha'}{2}\sin\alpha'\right)$$

$$<2b-\frac{b}{2}\left(2\cos^2\frac{\alpha'}{2}-2\cos\frac{\alpha'}{2}-\frac{\alpha'}{2}\sin\alpha'\right)$$

oder

$$r<b.\frac{2-\cos^2\frac{\alpha'}{2}-\cos\frac{\alpha'}{2}+\frac{\alpha'}{4}\sin\alpha'}{4-4\cos\frac{\alpha'}{2}-\frac{\alpha'}{2}\sin\alpha'}$$

sein. Diese Formel giebt folgende Resultate:

bei $\alpha = 90^0$ $r < 6{,}736$,
bei $\alpha = 60^0$ $r < 28{,}46$,
bei $\alpha = 45^0$ $r < 82{,}46$.

Hiernach ist sogleich ersichtlich, dafs bei einem einigermafsen bedeutenden Werthe von r gegen b auch hier wieder eine Hintermauerung bei einem halbkreisförmigen Tonnengewölbe unerläfslich wird, um dadurch den freien Bogen zu verkleinern.

§. 19.

Die Stärke der Widerlage bei einem kreisförmigen Bogen.

Wir wenden uns hiernach zur Untersuchung, wie stark man die Widerlage machen müsse, damit sie den auf sie einwirkenden Kräften widerstehen könne. Wie in §. 12 und 13. unterscheiden wir das Gleiten und den Umsturz der Widerlage. Was

I. das Ausgleiten der Widerlage in irgend einer ihrer horizontalen Fugen betrifft, die um k von dem Ende der mittlern Spannungscurve senkrecht nach unten liegt (denn auch hier wollen wir von diesem Punkte ab die Höhe messen), so treiben bei vollkommener Beweglichkeit in den Fugen einmal die nach horizontaler Richtung zerlegten Normalkräfte die Widerlage nach aufsen, zweitens die ebenso zerfällte Spannung am Ende des Bogens; dieselbe findet dagegen ihre Haltung in der Reibung, welche durch den Druck ihrer eigenen Schwere $= wk$, durch den Druck der vertikalen Endspannung und durch den hier negativen Druck der vertikal zerlegten Normalkräfte erzeugt wird. Giebt also α den Winkel der Endfuge, μ den Reibungscoefficienten an und behalten die übrigen Gröfsen ihre frühere Bezeichnung, so besteht zwischen den verschiedenen Kräften das Gleichgewicht, wenn

$$-\int_0^\alpha N \sin\alpha + T_{(\alpha)} \cos\alpha = \mu\,(wk + T_{(\alpha)} \sin\alpha + \int_0^\alpha N \cos\alpha)$$

ist. Substituirt man hierin die schon oben angegebenen Werthe, so folgt

$$br = \mu\,(wk + br\alpha),$$

woraus man

$$w = \frac{br\,(1 - \mu\alpha)}{\mu k}$$

erhält. Nach dieser Gleichung wächst w mit zunehmenden b und r, ebenso wie mit kleiner werdenden μ und k. Setzt man $\mu = \frac{1}{2}$, so findet man mit Rücksicht auf die halbe Spannweite $= G$ und die Höhe des Bogens $= H$, indem $r \sin\alpha = G$, $r \cos\alpha = r - H$, also $r = \dfrac{G^2 + H^2}{2H}$ ist,

1) bei $H = G$, wo $r = G$ und $\alpha = 90^0$ ist, $w = 0{,}4292\,\dfrac{bG}{k}$,

2) bei $H = 0{,}8\,G$, wo $r = 1{,}025\,G$ und $\alpha = 77^\circ\,19'$ ist,

$$w = 0{,}6668\,\frac{bG}{k},$$

3) bei $H = 0{,}6\,G$, wo $r = 1{,}1333\,G$ und $\alpha = 61^\circ\,56'$ ist,

$$w = 1{,}0416\,\frac{bG}{k},$$

4) bei $H = 0{,}4\,G$, wo $r = 1{,}45\,G$ und $\alpha = 43^\circ\,36'$ ist,

$$w = 1{,}7966\,\frac{bG}{k},$$

5) bei $H = 0{,}2\,G$, wo $r = 2{,}60\,G$ und $\alpha = 22^\circ\,37'$ ist,

$$w = 4{,}2277\,\frac{bG}{k}.$$

Damit man aber diese Resultate nicht mifsverstehe, lehrt auch dieselbe Formel, dafs wenn man, wie §. 13. bemerkt wurde, durch eine andere Gegenkraft das Ausgleiten der Widerlage verhindern will, man selbst mit Uebergehung ihrer eigenen noch zu Nutze kommenden Schwere eine Gegenkraft $= br(1 - \mu\alpha)$ anzubringen habe, also bei $H = G$ und $\mu = \frac{1}{2}$, eine Kraft $= 0{,}2146\,bG$, bei $H = 0{,}8\,G$ eine Kraft $= 0{,}3334\,bG$, bei $H = 0{,}6\,G$ eine Kraft $= 0{,}5208\,bG$, bei $H = 0{,}4\,G$ eine Kraft $= 0{,}8983\,bG$ und bei $H = 0{,}2\,G$ eine Kraft $= 2{,}1138\,bG$, welche hiernach mit abnehmendem Verhältnifs von H zu G zunimmt. Wie man übrigens diese Kraft, die nach dem Obigen als Gewicht ausgedrückt werden kann, herbeischaffen will, durch festere Verbindung der Steine, durch Strebepfeiler, durch einen zweiten Gewölbbogen, durch Hintermauerung, oder auf welche andere Weise, mufs natürlich dem Ermessen des Praktikers in den einzelnen Fällen anheimgegeben werden.

II. Um die nothwendige Stärke der Widerlage gegen den Umsturz zu bestimmen, stelle $ABCD$ (Fig. 13.) den Durchschnitt durch einen kreisförmigen Gewölbbogen dar und $DEFG$ die Widerlage. Da der Drehungspunkt des ganzen Systems in E liegt, so sind bei $EF = w$ und $C'E' = k$ folgende Momente vorhanden; erstens das Gewicht der Widerlage $= wk$

am Hebelarm $\frac{w}{2}$, zweitens die aus der Spannung in C' entstehende Vertikalkraft V oder $T_{(\alpha)} \sin\alpha$ am Hebelarm $w - \frac{b}{2}$, wie wiederum statt des strengern Werthes $w - \frac{b}{2}\sin\alpha$ gesetzt werden mag, drittens die ebenfalls aus $T_{(\alpha)}$ entspringende Horizontalkraft W oder $T_{(\alpha)} \cos\alpha$ am Hebelarm k, viertens die Normalkräfte N, von denen z. B. die in N' nach $N'M = N\cos\alpha$ zerlegt am Hebelarm $EL = EE' + CH - KH = w - \frac{b}{2} + G - \left(r + \frac{b}{2}\right)\sin\alpha$, und nach $N'P = N\sin\alpha$ zerlegt am Hebelarm $N'L = KL + N'K = KL + A'H - A'O = k + H - r + r\cos\alpha$ wirkt, endlich fünftens aus der Fugenöffnung nach aufsen hin die kleinste Spannung oder br am Hebelarm $\frac{b}{2}$. Nimmt man diese verschiedenen Momente zusammen, so findet man mit Rücksicht auf das Zeichen bei N die kleinste noch zulässige Stärke der Widerlage aus

$$wk \cdot \frac{w}{2} + T_{(\alpha)} \sin\alpha \left(w - \frac{b}{2}\right) + br \cdot \frac{b}{2}$$
$$= T_{(\alpha)} \cos\alpha \cdot k - \int N \cos\alpha \left(w - \frac{b}{2} + G - r\sin\alpha\right)$$
$$- \int N \sin\alpha (k + H - r + r\cos\alpha),$$

worin die Integrale von $\alpha = 0$ bis $\alpha = \alpha$ genommen werden müssen. Da nun wie bisher $T_{(\alpha)} = br(2 - \cos\alpha)$, $N = -2br(1 - \cos\alpha)$, $-\int_0^\alpha N\cos\alpha = br(2\sin\alpha - \sin\alpha\cos\alpha - \alpha)$, $-\int_0^\alpha N\sin\alpha = br(1 - 2\cos\alpha + \cos^2\alpha)$ ist, und die beiden Integrale $+\int N\cos\alpha \cdot r\sin\alpha$ und $-\int N\sin\alpha \cdot r\cos\alpha$ sich gegenseitig heben, so giebt die Substitution dieser Werthe

$$\frac{k}{2}w^2 + br\left(w - \frac{b}{2}\right)(2\sin\alpha - \sin\alpha\cos\alpha) + \frac{b^2 r}{2}$$
$$= brk(2\cos\alpha - \cos^2\alpha) + br\left(w - \frac{b}{2} + G\right)(2\sin\alpha - \sin\alpha\cos\alpha - \alpha)$$
$$+ br(k + H - r)(1 - 2\cos\alpha + \cos^2\alpha),$$

oder, wenn man die gleichen Glieder zusammenzieht,

$$\frac{k}{2}w^2+\left(w-\frac{b}{2}\right)br\alpha$$

$$=brk-\frac{b^2r}{2}+Gbr(2\sin\alpha-\sin\alpha\cos\alpha-\alpha)$$
$$+(H-r)br(1-2\cos\alpha+\cos^2\alpha).$$

Man hat aber noch $G = r\sin\alpha$ und $H-r = -r\cos\alpha$, also bekommt man

$$\frac{k}{2}w^2+br\alpha w=brk+\frac{b^2r(\alpha-1)}{2}+br^2(2-2\cos\alpha-\alpha\sin\alpha),$$

und daraus

$$w=-\frac{br\alpha}{k}$$
$$+\sqrt{\left\{2br+\frac{b^2r(\alpha-1)}{k}+\frac{2br^2}{k}(2-2\cos\alpha-\alpha\sin\alpha)+\frac{b^2r^2\alpha^2}{k^2}\right\}}.$$

Bei $\alpha = 90^0$ vereinfacht sich diese Gleichung in

$$w=-\frac{br\pi}{2k}+\sqrt{\left\{2br+\frac{b^2r(\pi-2)}{2k}+\frac{br^2}{k}(4-\pi)+\frac{b^2r^2\pi^2}{4k^2}\right\}}.$$

Zur leichtern Uebersicht über die aus dieser Formel entspringenden Resultate, giebt die Berechnung, wenn $G=10$, $b=2$, $k=10$ gesetzt werden,

1) bei $H=10$, wo $r=10$, $\alpha=90^0$ und Bogen $\alpha=\frac{\pi}{2}$,
$w=-3{,}1416+\sqrt{69{,}3208}=5{,}183$,

2) bei $H=8$, wo $r=10\frac{1}{4}$, $\alpha=77^0\ 19'$ und Bogen $\alpha=1{,}3494$,
$w=-2{,}7663+\sqrt{60{,}3461}=5{,}002$,

3) bei $H=6$, wo $r=11\frac{1}{3}$, $\alpha=61^0\ 56'$ und Bogen $\alpha=1{,}0809$,
$w=-2{,}4501+\sqrt{57{,}0935}=5{,}106$,

4) bei $H=4$, wo $r=14\frac{1}{2}$, $\alpha=43^0\ 16'$ und Bogen $\alpha=0{,}76096$,
$w=-2{,}2068+\sqrt{63{,}7458}=5{,}777$,

5) bei $H=2$, wo $r=26$, $\alpha=22^0\ 37'$ und Bogen $\alpha=0{,}39473$,
$w=-2{,}0526+\sqrt{102{,}4593}=8{,}069$.

Nimmt man ferner $G = 10$, $H = 10$, $b = 2$ und

1) $k = 1$, so wird $w = -31{,}416 + \sqrt{1221{,}477} = 3{,}534$,
2) $k = 5$, so wird $w = -6{,}2832 + \sqrt{118{,}3808} = 4{,}597$,
3) $k = \infty$, so wird $w = \sqrt{40} = 6{,}325$;

dann $G = 10$, $H = 6$, $b = 2$ und

1) $k = 1$, so wird $w = -24{,}501 + \sqrt{703{,}2735} = 2{,}018$,
2) $k = 5$, so wird $w = -4{,}9002 + \sqrt{80{,}8719} = 4{,}093$,
3) $k = \infty$, so wird $w = \sqrt{45{,}3333} = 6{,}740$.

Setzt man $G = 10$, $H = 10$, $k = 10$, so ist

1) bei $b = 1$, $w = -1{,}5708 + \sqrt{31{,}6222} = 4{,}052$,
2) bei $b = 3$, $w = -4{,}7124 + \sqrt{113{,}0958} = 5{,}922$.

Endlich für $G = 20$, $H = 12$, $b = 2$ ist

1) bei $k = 10$, $w = -4{,}9001 + \sqrt{136{,}9935} = 6{,}804$,
2) bei $k = 1$, $w = -49{,}0008 + \sqrt{2714{,}914} = 3{,}104$;

und für $G = 30$, $H = 18$, $b = 3$ ist

1) bei $k = 10$, $w = -11{,}0252 + \sqrt{401{,}0142} = 9{,}000$,
2) bei $k = 1$, $w = -110{,}252 + \sqrt{13114{,}056} = 4{,}492$.

Aus dieser Berechnung stellt sich zunächst das Resultat hervor, dafs bei gleicher Spannungsweite des Bogens die Grenze für die nothwendige Stärke der Widerlage, um den Umsturz zu verhüten, bei einer gewissen Ausdehnung des Bogens d. h. bei einem bestimmten Winkel α einen kleinsten Werth erhält. Je geringer dann von dieser Grenze ab die Höhe des Bogens im Verhältnifs zur Spannweite genommen wird, desto schneller wächst w. Ferner scheint es für die Praxis beachtungswerth zu sein, dafs bei geringer Höhe der Widerlage namentlich bei $k = 1$ die Stärke derselben für einen Halbkreis noch ziemlich bedeutend ausfällt, dagegen viel geringer bei einem Verhältnifs von $H : G$ wie $6 : 10$. Alles dies, auch die Berücksichtigung, dafs bei diesem Verhältnisse das Ausgleiten der Widerlage noch keine bedeutende Stärke gewinnt, ferner dafs der vollständige Halbkreis der Gefahr eines Bruches und des Ausweichens der Steine in einem hohen Grade ausgesetzt ist, alles dies weiset darauf hin, dafs zu einem freien kreisförmigen Tonnengewölbe ein Bogen von ungefähr 60° oder wo H nahe $= \frac{3}{8} G$ ist, vor allen andern den Vorzug verdient, es müfste denn r gegen b nur unverhältnifsmäfsig klein sein, wo freilich überhaupt für die Stabilität des Gewölbes leichte Vorsichtsmafsregeln getroffen werden können.

§. 20.

Das kreisförmige Tonnengewölbe mit hervorstehenden Rippen. Ausgleiten desselben.

Nachdem wir das freie kreisförmige Tonnengewölbe kennen gelernt haben, so frägt sich jetzt, in wie weit ein ähnliches Gewölbe mit hervorstehenden Rippen gleiche Sicherheit gewährt und ob durch dasselbe eine Ersparung an Material erzielt werden könne. Zu dieser Untersuchung müssen wir das Tonnengewölbe seiner Länge nach in Elemente zerfällen, von denen jedes eine Rippe und einen der Dicke nach schwächern Mitteltheil enthält, wodurch die Länge des Gewölbes bis auf ein solches Element hin mit in Betracht kommt. Es sei also L die Länge, B die Dicke und R der mittlere Radius einer Rippe, ebenso l die Länge, b die Dicke und r der mittlere Radius eines Zwischentheils, so wirkt auf jedes Gewölbelement, zu welchem der Winkel α gehört, eine Normalkraft

$$N = -2(LBR + lbr)(1 - \cos\alpha)\, d\alpha,$$

und man findet die Spannung im Bogen zunächst am Scheitel $= LBR + lbr$, dann bei dem Winkel α allgemein

$$T_{(\alpha)} = (LBR + lbr)(2 - \cos\alpha).$$

Da hier gegen früher keine Aenderung in Bezug auf die Festigkeit der Steine eintritt, so wollen wir sogleich das Bestreben des Bogens zum Ausgleiten in Betracht ziehen.

I. Das einfache Ausgleiten des Boges, dessen Endfuge zum Winkel α gehört, wird wieder durch die horizontal wirkenden Kräfte $-fN\sin\alpha + T_{(\alpha)}\cos\alpha$ bewirkt, wogegen die vertikalen Kräfte $T_{(\alpha)}\sin\alpha + fN\cos\alpha$ Widerstand leisten; man erhält aus ihnen den Normaldruck auf die gleitende Fuge $=$ $(T_{(\alpha)}\cos\alpha - fN\sin\alpha)\cos\alpha + (T_{(\alpha)}\sin\alpha + fN\cos\alpha)\sin\alpha$ und die zu derselben Fuge parallel wirkende Kraft $= (T_{(\alpha)}\cos\alpha - fN\sin\alpha)\sin\alpha - (T_{(\alpha)}\sin\alpha + fN\cos\alpha)\cos\alpha$, so daſs die Bedingung für das Gleichgewicht nnmittelbar folgt, nämlich

$$(T_{(\alpha)}\cos\alpha - fN\sin\alpha)\sin\alpha - (T_{(\alpha)}\sin\alpha + fN\cos\alpha)\cos\alpha = \mu[(T_{(\alpha)}\cos\alpha - fN\sin\alpha)\cos\alpha + (T_{(\alpha)}\sin\alpha + fN\cos\alpha)\sin\alpha].$$

Substituirt man hierin für $T_{(\alpha)}\cos\alpha - fN\sin\alpha$ seinen Werth $LBR + lbr$ und für $T_{(\alpha)}\sin\alpha + fN\cos\alpha$ seinen Werth $(LBR + lbr)\alpha$, so erhält man nach der Division mit $LBR + lbr$ die Gleichung

$$\sin\alpha - \alpha\cos\alpha = \mu(\cos\alpha + \alpha\sin\alpha),$$

grade dieselbe wie §. 17., so daſs in dieser Hinsicht beide Arten von Gewölben sich ganz gleich verhalten.

II. In Bezug auf das Ausgleiten des Bogens mit veränderter Fugenrichtung stelle $ABCD$ (Fig. 14.) einen Querschnitt durch die Rippe und $EFCD$ durch den Zwischentheil dar, dann bildet, wenn das ganze Gewölbstück ausweicht, A in der Rippe den Drehungspunkt des ganzen Systemes und D den Punkt, wo die Reibung in der Länge $L + l$ erfolgt; übrigens schieben wieder die Normalkräfte nach auſsen, Widerstand leisten einerseits die Reibung, andererseits die Spannungen, und zwar am Scheitel die Spannung der Rippe an einem Hebel $= \frac{B}{2}$, des Zwischentheils an einem Hebel $= B - b + \frac{b}{2}$ $= B - \frac{b}{2}$, in der Endfuge die Spannung der Rippe an einem Hebelarm $= \frac{B}{2}$, des Zwischentheils an einem Hebelarm $= \frac{b}{2}$. Alle Momente zusammengenommen ergeben, daſs kein Ausgleiten erfolgt, so lange

$$-\int_0^\alpha N\left(R+\frac{B}{2}\right)\sin\alpha$$

$$< \mu T_{(\alpha)}\left(R+\frac{B}{2}\right)\sin\alpha+\frac{B}{2}LBR(2-\cos\alpha)+\frac{b}{2}\,lbr\,(2-\cos\alpha)$$

$$+\frac{B}{2}LBR+\left(B-\frac{b}{2}\right)lbr$$

ist. Substituirt man für $T_{(\alpha)}$ seinen oben angegebenen Werth und für $-\int_0^\alpha N\sin\alpha$ seinen Werth $(LBR+lbr)(1-2\cos\alpha+\cos^2\alpha)$, so bekommt man

$$\left(R+\frac{B}{2}\right)(LBR+lbr)(1-2\cos\alpha+\cos^2\alpha)$$

$$-\frac{B}{2}LBR(3-\cos\alpha)-\frac{b}{2}\,lbr(1-\cos\alpha)-Blbr$$

$$< \mu(LBR+lbr)(2\sin\alpha-\sin\alpha\cos\alpha)\left(R+\frac{B}{2}\right),$$

und bei $\alpha = 90^0$

$$\mu > \tfrac{1}{2}-\frac{3B.LBR+(2B+b)lbr}{4(LBR+lbr)\left(R+\frac{B}{2}\right)}.$$

Es sei, um eine Vergleichung mit den in §. 17. gegebenen Beispielen zu erhalten, $r = 10$, $b = 2$, $l = 4$ und $B = 3$, $L = 1$ also $R = 10\tfrac{1}{2}$, so findet man bei $\alpha = 90^0$

$$\mu > 0{,}328;$$

ebenso bei $r = 10$, $b = 1\tfrac{1}{2}$, $l = 5$, $B = 2\tfrac{1}{2}$, $L = 1\tfrac{1}{2}$ also $R = 10\tfrac{1}{2}$

$$\mu > 0{,}354,$$

wonach sich dies letztere Gewölbe, welches weniger Material enthält, noch etwas vortheilhafter als das §. 17. betrachtete darstellt. Da aus diesen wenigen Beispielen schon hinreichender Aufschluſs entsteht, so kann die Berechnung für andere Werthe von α füglich übergangen werden.

§. 21.

Vom Bruche eines mit Rippen versehenen kreisförmigen Tonnengewölbes.

Noch günstiger stellt sich dieses Gewölbe dar, wenn man die Gefahr zum Bruche desselben in Betracht zieht. Zu diesem Behufe stelle $ABCD$ (Fig. 15.) den Durchschnitt durch eine Rippe und $EFCD$ durch den schwächern Mitteltheil des Gewölbes dar; es entsteht dann der Bruch, wenn sich die Scheitelfuge um A, die untere um B und die mittlere um G als Stützpunkte öffnet. Die Normalkräfte wirken hierbei an Hebelarmen, deren Anfangspunkte A und B sind; die Spannkräfte in den Fugen stehen bei der Rippe immer an einem Hebelarm $= \frac{B}{2}$, bei dem Zwischentheil im Scheitel und am Ende an einem Hebelarm $= B - \frac{b}{2}$, dagegen in der mittleren Fuge an einem solchen $= \frac{b}{2}$. Bezeichnet man jetzt den Winkel der Endfuge mit α' und läfst, um alle Schwierigkeiten zu vermeiden, den Bruch in der Mitte bei $\frac{\alpha'}{2}$ erfolgen, so bleibt ein Bruch so lange verhütet, als

$$-\int_0^{\frac{\alpha'}{2}}\left(R+\frac{B}{2}\right)N\sin\alpha - \int_{\frac{\alpha'}{2}}^{\alpha'}\left(R+\frac{B}{2}\right)N\sin(\alpha'-\alpha)$$

$$< \frac{B}{2}.LBR + \left(B-\frac{b}{2}\right)lbr + \frac{B}{2}LBR(2-\cos\alpha')$$

$$+\left(B-\frac{b}{2}\right)lbr(2-\cos\alpha') + 2.\frac{B}{2}LBR\left(2-\cos\frac{\alpha'}{2}\right)$$

$$+2.\frac{b}{2}lbr\left(2-\cos\frac{\alpha'}{2}\right)$$

ist. Man findet aber

$$-\int_0^{\frac{\alpha'}{2}} N\sin\alpha = (LBR + lbr\left(1-2\cos\frac{\alpha'}{2}+\cos^2\frac{\alpha'}{2}\right),$$

$$-\int_{\frac{\alpha'}{2}}^{\alpha'} N \sin\alpha' \cos\alpha$$

$$= (LBR + lbr) \sin\alpha' \Big(2\sin\alpha' - \sin\alpha'\cos\alpha' - \alpha' - 2\sin\frac{\alpha'}{2} + \sin\frac{\alpha'}{2}\cos\frac{\alpha'}{2} + \frac{\alpha'}{2}\Big),$$

$$+\int_{\frac{\alpha'}{2}}^{\alpha'} N \cos\alpha' \sin\alpha$$

$$= (LBR + lbr)\cos\alpha' \Big(2\cos\alpha' - \cos^2\alpha' - 2\cos\frac{\alpha'}{2} + \cos^2\frac{\alpha'}{2}\Big),$$

und demnach geht die obige Gleichung nach einigen Reduktionen über in

$$\Big(R+\frac{B}{2}\Big)(LBR+lbr)\Big\{3-2\Big(2-\cos\frac{\alpha'}{2}\Big)\cos\frac{\alpha'}{2} - \cos\alpha' - \frac{\alpha'}{2}\sin\alpha'\Big\}$$
$$< \frac{B}{2} LBR\Big(7-2\cos\frac{\alpha'}{2} - \cos\alpha'\Big) + \Big(B-\frac{b}{2}\Big) lbr(3-\cos\alpha') + \frac{b}{2} lbr\Big(4-2\cos\frac{\alpha'}{2}\Big).$$

In dem Falle, dafs $\alpha' = 90^0$ ist, welcher Fall uns zur Vergleichung hier nur allein interessiren kann, vereinfacht sich die Formel in

$$\Big(R+\frac{B}{2}\Big)(LBR+lbr)\Big(4-2\sqrt{2}-\frac{\pi}{4}\Big)$$
$$< \frac{B}{2}\,.\,LBR(7-\sqrt{2}) + 3\,B\,lbr + \frac{b}{2}\,lbr\,(1-\sqrt{2}).$$

Da indefs auch aus dieser Formel das zulässige Verhältnifs von r zu b nur schwierig gefunden werden kann, uns aber ein fast genauer Näherungswerth ebenfalls genügt, so setze man in dem Produkte LBR $B = nb$, $L = ml$, R dagegen $= r$, dann ist $LBR = mnlbr$ und man erhält

$$\Big(R+\frac{B}{2}\Big)(mn+1)\Big(4-2\sqrt{2}-\frac{\pi}{4}\Big) < \frac{b}{2}mn^2(7-\sqrt{2}) + 3bn + \frac{b}{2}(1-\sqrt{2}),$$

so dafs, weil $R+\frac{B}{2}=r+B-\frac{b}{2}=r+\frac{2n-1}{2}b$ ist, zur Sicherstellung des Bogens gegen den Bruch

$$r < b\,.\,\frac{2{,}6132n+0{,}1931mn+2{,}4060mn^2-0{,}0137}{0{,}3862(mn+1)}$$

verlangt wird. Behalten wir die im vorigen §. gegebenen Beispiele bei, so ist bei $r=10$, $b=2$, $l=4$ und $R=10\frac{1}{2}$, $B=3$, $L=1$, $m=\frac{1}{4}$, $n=\frac{3}{2}$ und somit

$$r < 10{,}04\,b,$$

wogegen bei einem gleich dicken Gewölbe ohne Rippen $r < 6{,}73\,b$ war. — Ferner findet man bei $r=10$, $b=1\frac{1}{2}$, $l=5$ und $R=10\frac{1}{2}$, $B=2\frac{1}{2}$, $L=1\frac{1}{2}$, $m=\frac{3}{10}$, $n=\frac{5}{3}$ und

$$r < 11{,}12\,b.$$

Da hier $b=1\frac{1}{2}$, so giebt die Formel in absoluten Zahlen $r < 16{,}68$; das gleich dicke Gewölbe mit $b=2$ gab $r < 13{,}46$, wonach das Gewölbe mit Rippen bei geringerm Aufwand an Material auch hier den Vorzug verdient.

§. 22.

Die Stärke der Widerlage bei einem mit Rippen versehenen Tonnengewölbe.

I. Das Ausgleiten der Widerlage, die auf eine Länge $L+l$ in Betracht gezogen wird, steht hier genau unter denselben Bedingungen, wie beim gleich dicken Bogen §. 19.; man erhält daher unmittelbar

$$LBR+lbr=\mu[wk(L+l)+(LBR+lbr)\alpha],$$

woraus

$$w=\frac{LBR+lbr}{L+l}\left(\frac{1-\mu\alpha}{\mu k}\right)$$

folgt. Setzt man $L=ml$, $B=nb$ und der Kürze wegen $R=r$, so geht die Gleichung über in

$$w=\frac{(mn+1)\,br}{m+1}\left(\frac{1-\mu\alpha}{\mu k}\right)$$

und zeigt, daſs bei $m = \frac{3}{10}$, $n = \frac{5}{3}$ und wo b nur $\frac{3}{4}$ von dem in §. 19. vorausgesetzten b beträgt, wiederum ein günstigeres Verhältniſs entsteht, nämlich wie 5 : 6.

II. Beim Umsturz der Widerlage wirkt die Schwere derselben $= (L+l)wk$ am Hebelarm $\frac{w}{2}$ nach innen, die horizontale Endspannung am Hebelarm k nach auſsen, dagegen die vertikale Seitenkraft derselben Spannung bei der Rippe an einem Arme $= w - \frac{B}{2}$, bei dem Zwischentheil an einem Arme $= w - \frac{b}{2}$ nach innen; ebenso kann man die Hebelarme, an welchen die Normalkräfte angebracht sind, bei der Rippe und dem Zwischentheil dadurch aus einander halten, daſs man die mittlere Spannweite des Rippenbogens $= G'$ und seine Höhe $= H'$, dagegen dieselben Gröſsen bei dem Mittelbogen $= G$ und $= H$ setzt; hiernach ist $G' = R \sin\alpha$, $H' = R - R\cos\alpha$, $G = r\sin\alpha$, $H = r - r\cos\alpha$ und auſserdem $R = r + \frac{B-b}{2}$. Sämmtliche Momente zusammen geben die Bedingungsgleichung

$$\begin{aligned}
&(L+l)wk.\frac{w}{2} + LBR(2-\cos\alpha)\sin\alpha\left(w-\frac{B}{2}\right)\\
&+lbr(2-\cos\alpha)\sin\alpha\left(w-\frac{b}{2}\right) + LBR.\frac{B}{2} + lbr.\frac{b}{2}\\
= {} &(LBR+lbr)(2-\cos\alpha)\cos\alpha.k\\
&+\int LBR(2-2\cos\alpha)\cos\alpha\left(w-\frac{B}{2}+G'-R\sin\alpha\right)\\
&+\int LBR(2-2\cos\alpha)\sin\alpha\,(k+H'-R+R\cos\alpha)\\
&+\int lbr(2-2\cos\alpha)\cos\alpha\left(w-\frac{b}{2}+G-r\sin\alpha\right)\\
&+\int lbr(2-2\cos\alpha)\cos\alpha\,(k+H-r+r\cos\alpha),
\end{aligned}$$

worin die Integrale von $\alpha = 0$ bis $\alpha = \alpha$ genommen werden. Da diese Gleichung ganz aus ähnlichen Gliedern wie die ihr entsprechende in §. 19. besteht, so läfst sich nach dem dortigen Gange unmittelbar herleiten

$$\frac{(L+l)k}{2}w^2+(LBR+lbr)\alpha w = (LBR+lbr)k$$
$$+\frac{LB^2R+lb^2r}{2}(\alpha-1)+(LBR^2+lbr^2)(2-2\cos\alpha-\alpha\sin\alpha),$$

und man erhält

$$w = -\frac{LBR+lbr}{(L+l)k}\alpha+\sqrt{\left\{\frac{2(LBR+lbr)}{L+l}+\frac{LB^2R+lb^2r}{(L+l)k}(\alpha-1)\right.}$$
$$\left.+\frac{2(LBR^2+lbr^2)}{(L+l)k}(2-2\cos\alpha+\alpha\sin\alpha)+\frac{(LBR+lbr)^2}{(L+l)^2k^2}\alpha^2\right\}.$$

Damit man diese Formel mit den frühern Angaben gehörig vergleichen könne, setze man zunächst $G=10$, $b=2$, $l=4$, $B=3$, $L=1$, also $R=r+\frac{1}{2}$ und aufserdem $k=10$; dann ist

1) bei $H=10$, $r=10$, $R=10\frac{1}{2}$, $\alpha=90^\circ$ und
$w=-3{,}5209+\sqrt{79{,}1881}=5{,}378$,

2) bei $H=8$, $r=10\frac{1}{4}$, $R=10\frac{3}{4}$, $\alpha=77^\circ\,19'$ und
$w=-3{,}0834+\sqrt{68{,}6759}=5{,}204$,

3) bei $H=6$, $r=11\frac{1}{3}$, $R=11\frac{5}{6}$, $\alpha=61^\circ\,56'$ und
$w=-2{,}7276+\sqrt{64{,}4750}=5{,}201$,

4) bei $H=4$, $r=14\frac{1}{2}$, $R=15$, $\alpha=43^\circ\,26'$ und
$w=-2{,}4503+\sqrt{69{,}6954}=5{,}898$.

Ferner findet man bei dem andern schon betrachteten Gewölbe, wo $L=1\frac{1}{2}$, $B=2\frac{1}{2}$, $l=5$, $b=1\frac{1}{2}$ also $R=r+\frac{1}{2}$ war, für $G=10$, $k=10$

1) bei $H=10$, $w=-2{,}7639+\sqrt{60{,}0477}=4{,}985$,
2) bei $H=8$, $w=-2{,}4328+\sqrt{52{,}3223}=4{,}798$,
3) bei $H=6$, $w=-2{,}1514+\sqrt{49{,}6193}=4{,}611$;

dann für $G=10$ und $H=10$

1) bei $k=1$, $w=-27{,}639+\sqrt{971{,}29}=3{,}527$,
2) bei $k=5$, $w=-5{,}5278+\sqrt{100{,}1825}=4{,}471$,
3) bei $k=\infty$, $w=\sqrt{35{,}1915}=5{,}932$;

endlich für $G = 10$, $H = 6$

1) bei $k = 1$, $w = -21{,}514 + \sqrt{554{,}4887} = 2{,}034$,
2) bei $k = 5$, $w = -4{,}3028 + \sqrt{68{,}6879} = 3{,}985$,
3) bei $k = \infty$, $w = \sqrt{39{,}8077} = 6{,}309$.

Die Vergleichung dieser Resultate mit den frühern in §. 19., unter gleichzeitiger Berücksichtigung der beiden vorhergehenden §§., lehrt augenscheinlich, dafs das hier zuletzt untersuchte Tonnengewölbe vor dem gleich starken mit der Dicke $b = 2$ den Vorzug verdient, und daraus läfst sich ohne Zweifel die allgemeine Schlufsfolgerung ziehen, dafs richtig gewählte Tonnengewölbe mit hervorstehenden Rippen Ersparung an Material gewähren, ohne dafs ihre Stabilität darunter leidet.

§. 23.

Die Vertheilung der Kräfte auf einen elliptischen gleich dicken Gewölbbogen.

Obschon der elliptische Gewölbbogen wegen der schwierigen Bearbeitung der Steine in der Praxis nur seltener Anwendung findet, so scheint es mir doch wünschenswerth ihn durch Berechnung näher kennen zu lernen, damit man wenigstens von dieser Seite abnehmen könne, was man von ihn zu erwarten berechtigt ist. Wir suchen demnach zuerst die Kräfte, welche auf ihn einwirken, und setzen hierzu die vom Scheitel des Bogens senkrecht heruntergehende Axe der Ellipse, gemessen von der mittlern Gewölblinie an, $= 2a$ und die ebenso genommene horizontale Axe $= 2c$, folglich den Krümmungshalbmesser im Scheitel $\varrho = \frac{c^2}{a}$. Die Normalkräfte N findet man nun nach der allgemeinen Formel §. 15. aus

$$N = dQ \cos\alpha - (\int dQ \sin\alpha)\, d\alpha - C d\alpha.$$

Nimmt man die Dicke des Gewölbes $= b$ an, so hat man $C = b\varrho = \frac{bc^2}{a}$, ferner $dQ = b ds$, wo ds das Element des elliptischen Bogens allein seiner Länge nach ausdrückt, endlich $\sin\alpha = \frac{dx}{ds}$, sofern x die Abscisse des in Untersuchung genommenen Elements vom Scheitel an gerechnet und zugleich y die darauf senkrechte Ordinate bezeichnet. Aufserdem giebt $\int dQ \sin\alpha = \int b dx$ den Werth bx, da keine Const. hinzukommt, und man erhält

$$N = bds\cos\alpha - b(x+\varrho)d\alpha.$$

Aus §. 15. leitet man ebenfalls die Spannung her, nämlich

$$T_{(\alpha)} = \frac{1}{\cos\alpha}(b\varrho + \int N\sin\alpha).$$

In dieser Formel ist $\int N\sin\alpha = \int(bds\cos\alpha\sin\alpha - bx\sin\alpha d\alpha - b\varrho\sin\alpha d\alpha)$; wenn man hierin für $\int bds\cos\alpha\sin\alpha$ seinen gleich bedeutenden Werth $\int\frac{bdydx}{ds}$ substituirt und das Integral $\int bx\sin\alpha d\alpha$ in $bx\cos\alpha - \int b\cos\alpha dx$ oder in $bx\cos\alpha - \int\frac{bdydx}{ds}$ auflöst, so hebt sich das letzte Glied in diesem Ausdrucke gegen das erste in der obigen Formel, und man findet $\int N\sin\alpha = bx\cos\alpha + b\varrho\cos\alpha + \text{Const.}$ Das Integral verschwindet bei $x = 0$ und $\alpha = 0$, also Const. $= -b\varrho$; die Substitution ergiebt

$$T_{(\alpha)} = b(x+\varrho),$$

einen höchst einfachen Ausdruck, der bei $\alpha = 90°$, wo $x = a$ wird, in

$$T = b\left(\frac{a^2+c^2}{a}\right)$$

übergeht.

Mittelst dieser Formel läfst sich wieder die gröfsste zulässige Weite eines elliptischen Bogens bestimmen, der noch hinreichende Festigkeit in sich selbst besitzt. Der vertikale Druck gegen die Fuge zum Winkel α ist nämlich $= T_{(\alpha)}$, die Normalkräfte geben dazu einen vertikalen Druck nach unten $= \int_0^\alpha N.\cos\alpha$ und einen horizontalen $= -\int_0^\alpha N\sin\alpha$, die beide senkrecht gegen die Fuge zerfällt mit der obigen Kraft zusammen einen Druck gegen den nächst folgenden Stein $= T_{(\alpha)} + (\int N \cos\alpha) \sin\alpha - (\int N \sin\alpha) \cos\alpha$ liefern. Es ist aber nach dem Obigen $T_{(\alpha)} = b(x + \varrho)$, $-(\int N \sin\alpha) \cos\alpha = -bx\cos^2\alpha - b\varrho\cos^2\alpha + b\varrho\cos\alpha$, und $\int N \cos\alpha$ stellt sich $= \int_0^\alpha (bds\cos^2\alpha - bx\cos\alpha d\alpha - b\varrho\cos\alpha d\alpha)$; setzt man hierin für $\int bds\cos^2\alpha$ seinen ihm gleichen Werth $\int b\frac{dy^2}{ds}$ und für $-\int bx\cos\alpha d\alpha$ seinen Werth $-bx\sin\alpha + \int b\sin\alpha dx$ oder $-bx\sin\alpha + \int b\frac{dx^2}{ds}$, so giebt das letzte Glied mit $\int b\frac{dy^2}{ds}$ das neue Glied $\int b\frac{dy^2 + dx^2}{ds} = \int bds = bs$, und man erhält $\int N\cos\alpha = bs - bx\sin\alpha - b\varrho\sin\alpha$, demnach den gesammten Druck $= bx + b\varrho - bx\cos^2\alpha - b\varrho\cos^2\alpha + b\varrho\cos\alpha + bs\sin\alpha - bx\sin^2\alpha - b\varrho\sin^2\alpha = bs\sin\alpha + b\varrho\cos\alpha$; dies giebt im Scheitel $= b\varrho$ und auf der Widerlage $= bq$, sofern q die Länge des elliptischen Quadranten bezeichnet. — Giebt nun D wieder das Gewicht in preufs. Pfd. an, das ein Quadratfufs des angewandten Materials mit Sicherheit zu tragen vermag, und bezeichnet man mit g das specifische Gewicht desselben, so liegt die Grenze für die Spannweite eines elliptischen Bogens in

$$s\sin\alpha + \varrho\cos\alpha = \frac{D}{66g};$$

also nach den frühern Angaben

bei Ziegelsteinen: $s\sin\alpha + \varrho\cos\alpha = 73{,}6$ rh. Fufs,

bei Sandsteinen: $s\sin\alpha + \varrho\cos\alpha = 143{,}5$ - -

Leider läfst sich der gröfste Druck im Bogen, der hier nicht immer auf der Widerlage statt findet, nur durch weitläuftige Berechnungen ermitteln; will man diese vermeiden, so mag man die Spannungsweite eines elliptischen Halbkreises allein nach der Scheitelspannung ermessen, obschon diese namentlich bei ziemlich gleichem Verhältnifs von $a : c$ viel zu grofse Resultate liefert. Wir bekommen hiernach für Ziegelsteine

$$\varrho = \frac{c^2}{a} = 73{,}6 \text{ rh. Fufs},$$

und 1) bei $a = 0{,}8c$, $c = 58{,}9$ rh. Fufs,
2) bei $a = 0{,}6c$, $c = 44{,}2$ - - ;

ebenso für Sandsteine $\varrho = \frac{c^2}{a} = 143{,}5$ - - ,

und 1) bei $a = 0{,}8c$, $c = 114{,}8$ - - ,
2) bei $a = 0{,}6c$, $c = 86{,}1$ - - .

§. 24.

Das Ausgleiten eines elliptischen Gewölbbogens.

Nach diesen Vorbereitungen betrachten wir das Ausgleiten des elliptischen Bogens nach seinen beiden Beziehungen. Wir erhalten

I. in Betreff desselben bei gleich bleibender Fugenstellung grade wie in §. 17., dafs zur Sicherstellung des in den Fugen noch beweglichen Bogens

$$\mu[(T_{(\alpha)}\sin\alpha + fN\cos\alpha)\sin\alpha + (T_{(\alpha)}\cos\alpha - fN\sin\alpha)\cos\alpha]$$
$$> (T_{(\alpha)}\cos\alpha - fN\sin\alpha)\sin\alpha - (T_{(\alpha)}\sin\alpha + fN\cos\alpha)\cos\alpha$$

sein müsse. Nach dem vorigen §. ist $T_{(\alpha)}\cos\alpha - fN\sin\alpha = b\varrho$ und $T_{(\alpha)}\sin\alpha + fN\cos\alpha = bs$, demnach giebt die Substitution dieser Werthe die Bedingungsgleichung

$$\mu[bs\sin\alpha + b\varrho\cos\alpha] > b\varrho\sin\alpha - bs\cos\alpha,$$

woraus

$$\mu > \frac{\varrho\sin\alpha - s\cos\alpha}{s\sin\alpha + \varrho\cos\alpha}$$

folgt. Ich glaube, dafs es unnütz sein möchte, die Berechnung auf andere als vollständig elliptische Bogen auszudehnen, da der nicht bis auf $\alpha = 90^0$ gehende Bogen sich viel zu wenig markirt, als dafs man ihn statt eines Kreisbogens anwenden werde. Bezeichnet dann q, wie vorher, die Länge des elliptischen Quadranten, so stellt sich die Formel für $\alpha = 90^0$ auf

$$\mu > \frac{\varrho}{q} \quad \text{oder} \quad \mu > \frac{c^2}{aq}.$$

Der elliptische Quadrant, der in dieser Formel vorkommt, läfst sich nach der bekannten Gleichung

$$q = c.\frac{\pi}{2}\left(1 - \frac{1.1}{2.2}e^2 - \frac{1.1.1.3}{2.2.4.4}e^4 - \frac{1.1.1.3.3.5}{2.2.4.4.6.6}e^6 - \ldots\right)$$

berechnen, worin e^2 den Werth $\frac{c^2 - a^2}{c^2}$ hat. Setzt man $a = 0{,}8c$, so findet man $q = c.\frac{\pi}{2}(1 - 0{,}09 - 0{,}006075 - 0{,}00091125$

$$- 0{,}0001772 - 0{,}0000402 - 0{,}00001) = 0{,}451385\,\pi.c;$$

setzt man ferner $a = 0{,}6c$, so wird $q = c.\frac{\pi}{2}(1 - 0{,}16$

$$- 0{,}0192 - 0{,}00512 - 0{,}001792 - 0{,}0007225 - 0{,}0003179$$
$$- 0{,}0001485 - 0{,}0000724 - 0{,}0000364 - 0{,}0000188 - \ldots)$$
$$= 0{,}406274\,\pi.c.$$

Die Substitution dieser Werthe in die obige Formel giebt hierauf

1) bei $a = 0{,}8c$, $\mu > 0{,}881$,
2) bei $a = 0{,}6c$, $\mu > 1{,}175$,

in beiden Fällen viel bedeutendere Werthe, als beim vollständigen Kreisbogen, so dafs hier die Hintermauerung noch viel nothwendiger erscheinen mufs.

II. Um das Ausgleiten des Bogens mit veränderter Fugenstellung in Betracht zu ziehen, stelle $ABCD$ (Fig. 16.) einen elliptischen Bogen von der Dicke b vor; er öffne sich im Scheitel bei A und ebenso in der letzten Fuge bei CD; ihn treiben wieder die Normalkräfte z. B. N in N' nach aufsen, während ihn theilweise die Spannungen in den Fugen AB und CD zurückhalten, vor allem aber die Reibung in D. Zur Angabe der einzelnen Momente hat man hier die Normalkräfte nach $N'M$ und $N'R$ nach vertikaler und horizontaler Richtung zu zerlegen, ebenso die Reibung in D, die am Winkel α der letzten Fuge angebracht ist. Setzt man $C'G = G$, $A'G = H$ und bezeichnet die Coordinaten des Punktes N' mit y und x, so hat man mit Rücksicht auf das Zeichen der Normalkräfte so lange kein Ausgleiten des ganzen Gewölbstücks zu befürchten, als

$$-\int N\cos\alpha\,.\,y-\int N\sin\alpha\left(x+\frac{b}{2}\right)$$

$$<\mu\left[T_{(\alpha)}\cos\alpha\,.\,G+T_{(\alpha)}\sin\alpha\left(H+\frac{b}{2}\right)\right]+\frac{b}{2}\,.\,T_{(\alpha)}+\frac{b}{2}\,.\,b\varrho$$

ist, wobei die Integrale natürlich von $\alpha=0$ bis $\alpha=\alpha$ und ebenso von $x=0$ bis $x=x$ oder $=H$ und von $y=0$ bis $y=y$ oder $=G$ genommen werden müssen. Es ist aber $N=bds\cos\alpha-bxd\alpha-b\varrho d\alpha$, demnach bekommt man

$$-\int yN\cos\alpha-\int xN\sin\alpha=-b\int\frac{ydy^2}{ds}+b\int xy\cos\alpha d\alpha$$

$$+b\varrho\int y\cos\alpha d\alpha-b\int\frac{xdydx}{ds}+b\int x^2\sin\alpha d\alpha+b\varrho\int x\sin\alpha d\alpha.$$

Substituirt man hierin zunächst für $b\int xy\cos\alpha d\alpha$ seinen Werth $bxy\sin\alpha-b\int\sin\alpha\,(ydx+xdy)$ oder $bxy\sin\alpha-b\int\frac{ydx^2}{ds}$ $-b\int x\frac{dydx}{ds}$ und für $b\int x^2\sin\alpha d\alpha$ seinen Werth $-bx^2\cos\alpha$ $+b\int 2xdx\cos\alpha$ oder $-bx^2\cos\alpha+2b\int\frac{xdydx}{ds}$, so geht $-\int(yN\cos\alpha+xN\sin\alpha)$ über in $-b\int\frac{ydy^2}{ds}+bxy\sin\alpha$ $-b\int y\frac{dx^2}{ds}-b\int\frac{xdydx}{ds}+b\varrho\int y\cos\alpha d\alpha-b\int\frac{xdydx}{ds}-bx^2\cos\alpha$ $+2b\int\frac{xdydx}{ds}+b\varrho\int x\sin\alpha d\alpha$, worin sich die drei das Integral $\int\frac{xdydx}{ds}$ enthaltenden Glieder gegenseitig heben und die beiden Glieder $-b\int\frac{ydy^2}{ds}$ und $-b\int\frac{ydx^2}{ds}$ sich in $-b\int yds$ zusammenziehen. Man findet weiter $b\varrho\int y\cos\alpha d\alpha=b\varrho y\sin\alpha$ $-b\varrho\int\frac{dydx}{ds}$ und $b\varrho\int x\sin\alpha d\alpha=-b\varrho x\cos\alpha+b\varrho\int\frac{dydx}{ds}$, also überhaupt $-\int(yN\cos\alpha+xN\sin\alpha)=-b\int yds+bxy\sin\alpha$ $-bx^2\cos\alpha+b\varrho y\sin\alpha-b\varrho x\cos\alpha$, indem die etwa erforderliche Const. noch in $-b\int yds$ enthalten ist. Um dieses letztere Integral gleichfalls zu bestimmen, giebt die Gleichung der Ellipse $y=\frac{c}{a}\sqrt{(2ax-x^2)}$ die Werthe $dy=\frac{c}{a}\cdot\frac{(a-x)dx}{\sqrt{(2ax-x^2)}}$ und $ds=dx\sqrt{\left(1+\frac{dy^2}{dx^2}\right)}=dx\sqrt{\left\{\frac{2ax-x^2+\frac{c^2}{a^2}(a-x)^2}{2ax-x^2}\right\}}$, wonach $yds=\frac{c}{a}\sqrt{\left(a^2-\frac{a^2-c^2}{a^2}(a-x)^2\right)}dx$ wird; man setze hierin $a-x=z$ und $dx=-dz$, so erhält man $-b\int yds$ $=bc\int dz\sqrt{\left(1-\frac{a^2-c^2}{a^4}z^2\right)}$, welches von $x=0$ bis $x=x$ oder von $z=a$ bis $z=a-x$ zu nehmen ist. Aber

$$bc\int dz\sqrt{\left(1-\frac{a^2-c^2}{a^4}z^2\right)}$$

$$=bc\int\frac{dz}{\sqrt{\left(1-\frac{a^2-c}{a^4}z^2\right)}}-bc\int\frac{\frac{a^2-c^2}{a^4}z^2dz}{\sqrt{\left(1-\frac{a^2-c^2}{a^4}z^2\right)}}$$

$$=\frac{\frac{1}{2}bca^2}{\sqrt{(a^2-c^2)}}\operatorname{arc}\left(\sin=\frac{\sqrt{(a^2-c^2)}}{a^2}z\right)+\tfrac{1}{2}bcz\sqrt{\left(1-\frac{a^2-c^2}{a^4}z^2\right)},$$

demnach innerhalb der angegebenen Grenzen

$$-b\int yds=\tfrac{1}{2}\frac{bca^2}{\sqrt{(a^2-c^2)}}\operatorname{arc}\left(\sin=\frac{\sqrt{(a^2-c^2)}}{a^2}(a-x)\right)$$
$$-\tfrac{1}{2}\frac{bca^2}{\sqrt{(a^2-c^2)}}\operatorname{arc}\left(\sin=\frac{\sqrt{(a^2-c^2)}}{a}\right)$$
$$+\tfrac{1}{2}bc(a-x)\sqrt{\left(1-\frac{a^2-c^2}{a^4}(a-x)^2\right)}-\tfrac{1}{2}bc^2.$$

Substituirt man diesen Werth in das oben zu bestimmende Integral, und setzt aufserdem in die ursprüngliche Bedingungsgleichung für $-\frac{b}{2}\int N\sin\alpha$ seinen schon früher gefundenen Werth $-\frac{b}{2}(bx\cos\alpha+b\varrho\cos\alpha-b\varrho)$, endlich für $T_{(\alpha)}$ seinen Werth $b(x+\varrho)$ und erwägt noch, dafs $G=y$ und $H=x$ in ihren

Endwerthen sind, so ergiebt sich gegen das Ausgleiten des elliptischen Bogens mit veränderter Fugenrichtung die Bedingung

$$\frac{1}{2}\frac{bca^2}{\sqrt{(a^2-c^2)}}\operatorname{arc}\left(\sin=\frac{\sqrt{(a^2-c^2)}}{a^2}(a-x)\right)$$

$$-\frac{1}{2}\frac{bca^2}{\sqrt{(a^2-c^2)}}\operatorname{arc}\left(\sin=\frac{\sqrt{(a^2-c^2)}}{a}\right)$$

$$+\frac{1}{2}bc(a-x)\sqrt{\left\{1-\frac{a^2-c^2}{a^4}(a-x)^2\right\}}-\frac{1}{2}bc^2+bxy\sin\alpha$$

$$-bx^2\cos\alpha+b\varrho y\sin\alpha-b\varrho x\cos\alpha+\frac{b}{2}(b\varrho-bx\cos\alpha-b\varrho\cos\alpha)$$

$$<\mu(bx+b\varrho)\left(y\cos\alpha+\left(x+\frac{b}{2}\right)\sin\alpha\right)+\frac{b}{2}\cdot 2b\varrho+\frac{b}{2}\cdot bx.$$

Wird in diese Gleichung $a=c=r$, wodurch die Ellipse in einen Kreis übergeht, also auch $\varrho=r$, $y=r\sin\alpha$, $x=r-r\cos\alpha$, so geht sie über in

$$br^2\left(\tfrac{1}{2}\cos\alpha-\tfrac{1}{2}+\tfrac{1}{2}\cos\alpha-\tfrac{1}{2}+\sin^2\alpha-\sin^2\alpha\cos\alpha-\cos\alpha\right.$$

$$\left.+2\cos^2\alpha-\cos^3\alpha+\sin^2\alpha-\cos\alpha+\cos^2\alpha\right)$$

$$+\frac{b}{2}\cdot br(1-\cos\alpha+\cos^2\alpha-\cos\alpha)$$

$$<\mu br(1-\cos\alpha+1)\left(r\sin\alpha\cos\alpha+r\sin\alpha-r\sin\alpha\cos\alpha+\frac{b}{2}\sin\alpha\right)$$

$$+\frac{b}{2}\cdot 2br+\frac{b}{2}br(1-\cos\alpha)$$

oder in

$$r(1-2\cos\alpha+\cos^2\alpha)-\frac{b}{2}(2+\cos\alpha-\cos^2\alpha)$$

$$<\mu\left(r+\frac{b}{2}\right)(2-\cos\alpha)\sin\alpha,$$

welches genau die in §. 17. gefundene Gleichung ist.

Wenn wir die obige Gleichung nur auf den elliptischen Halbkreis anwenden wollen, so haben wir $\alpha=90^\circ$, $x=a$, $y=c$ und wir erhalten

$$-\frac{1}{2}\frac{ca^2}{\sqrt{(a^2-c^2)}}\operatorname{arc}\left(\sin=\frac{\sqrt{(a^2-c^2)}}{a}\right)-\frac{1}{2}c^2+ac+\frac{c^3}{a}+\frac{1}{2}\frac{bc^2}{a}$$

$$<\mu\left(\frac{a^2+c^2}{a}\right)\left(a+\frac{b}{2}\right)+\frac{bc^2}{a}+\frac{1}{2}ba.$$

Diese Formel erscheint unbrauchbar, sobald wie im gewöhnlichsten Falle $a < c$ ist, da dann in $\sqrt{(a^2-c^2)}$ eine unmögliche Gröfse auftritt. Man könnte dieselbe zwar durch Auflösung von arc $\left(\sin = \frac{\sqrt{(a^2-c^2)}}{a}\right)$ entfernen, doch scheint es mir der Berechnung wegen bequemer zu sein, auf das Integral $-b\int Nyds$ zurückzugehen und ihm eine passendere Form zu geben. Hierzu haben wir nach dem obigen Gange

$$-b\int yds = \frac{bc}{a^2}\int dz\sqrt{[a^4+(c^2-a^2)z^2]}$$

$$= bca^2\int\frac{dz}{\sqrt{[a^4+(c^2-a^2)z^2]}}+\frac{bc(c^2-a^2)}{a^2}\int\frac{z^2dz}{\sqrt{[a^4+(c^2-a^2)z^2]}}$$

$$= \frac{bca^2}{2\sqrt{(c^2-a^2)}}\log.\text{nat.}\left[z\sqrt{(c^2-a^2)}+\sqrt{(a^4+(c^2-a^2)z^2)}\right]$$

$$+\frac{bc}{2a^2}\sqrt{[a^4+(c^2-a^2)z^2]},$$

also innerhalb der Grenzen $z = a$ und $z = a-x$,

$$\tfrac{1}{2}\frac{bca^2}{\sqrt{(c^2-a^2)}}\log.\text{nat.}\left\{(a-x)\sqrt{(c^2-a^2)}+\sqrt{[a^4+(c^2-a^2)(a-x)^2]}\right\}$$

$$-\tfrac{1}{2}\frac{bca^2}{\sqrt{(c^2-a^2)}}\log.\text{nat.}(a\sqrt{(c^2-a^2)}+ac)$$

$$+\tfrac{1}{2}\frac{bc}{a^2}(a-x)\sqrt{[a^4+(c^2-a^2)(a-x)^2]}-\tfrac{1}{2}bc^2.$$

Substituirt man diesen Werth in die ursprüngliche Bedingungsgleichung und nimmt zu gleicher Zeit $\alpha = 90^0$, $x = a$, $y = c$, so erhält man die Sicherstellung des Bogens, wenn

$$\mu > \frac{c(c^2-\tfrac{1}{2}ac+a^2)-\tfrac{1}{2}\frac{ca^2}{\sqrt{(c^2-a^2)}}\log.\text{nat.}\left[\frac{\sqrt{(c^2-a^2)}+c}{a}\right]-\frac{b}{2}(a^2+c^2)}{(a^2+c^2)\left(a+\frac{b}{2}\right)}$$

ist. Als Beispiel sei

1) $c = G = 10$, $a = H = 8$, $b = 2$, so mufs
$\mu > 0{,}529$,

2) $c = G = 10$, $a = H = 6$, $b = 2$, so mufs
$\mu > 0{,}815$

sein. Wie man sieht, werden auch hier für μ in beiden Fällen gröſsere Werthe erfordert als beim Kreisbogen, oder das Ausgleiten ist mehr erleichtert.

Die Untersuchung über den Bruch eines elliptischen Bogens kann augenscheinlich nichts Besonderes lehren, da der Bogen flacher als der Halbkreis und somit gegen den Bruch wohl etwas mehr geschützt ist. Ich wende mich sogleich zur Widerlage.

§. 25.

Die Stärke der Widerlage für einen elliptischen Gewölbbogen.

I. Das Ausgleiten der Widerlage findet statt, wenn die horizontal zerlegten Normalkräfte sammt der ebenso genommenen Endspannung im Bogen stärker sind als das in einer horizontalen Fuge der Widerlage statt findende Hinderniſs der Reibung. Die Fuge, welche um k tiefer als die letzte Fuge des Bogens liegt, ist aber mit dem Gewicht der Widerlage selbst $= wk$ und mit dem Gewicht des Bogens $= T_{(\alpha)} \sin\alpha + \int N \cos\alpha$ belastet; dies giebt eine Reibung $= \mu(wk + T_{(\alpha)} \sin\alpha + \int N \cos\alpha)$; die Summe der horizontalen Kräfte beträgt $T_{(\alpha)} \cos\alpha - \int N \sin\alpha$, daher liegt die Bedingungsgleichung für die Stärke der Widerlage in

$$T_{(\alpha)} \cos\alpha - \int N \sin\alpha = \mu[wk + T_{(\alpha)} \sin\alpha + \int N \cos\alpha],$$

oder da nach dem vorigen §. $T_{(\alpha)} \cos\alpha - \int N \sin\alpha = b\varrho$ und $T_{(\alpha)} \sin\alpha + \int N \cos\alpha = bs$ ist, in

$$b\varrho = \mu(wk + bs),$$

woraus

$$w = \frac{b(\varrho - \mu s)}{\mu k}$$

folgt. Auf den elliptischen Halbkreis übertragen wird $s = q$, demnach

$$w = \frac{b\left(\frac{c^2}{a} - \mu q\right)}{\mu k},$$

und man findet, wenn $\mu = \frac{1}{2}$ gesetzt wird

$$1)\ \text{bei } a = 0{,}8c,\quad w = 0{,}8814\,\frac{bc}{k},$$

$$2)\ \text{bei } a = 0{,}6c,\quad w = 1{,}8565\,\frac{bc}{k},$$

in beiden Fällen einen bedeutenderen Werth, als der kreisförmige Bogen bei gleicher Spannweite und Höhe erfordert.

II. Was den Umsturz der Widerlage betrifft, so drehen grade wie beim kreisförmigen Bogen ihre eigene Schwere und die vertikale Spannung am Ende des Bogens nach innen, die Normalkräfte sammt der horizontalen Endspannung treiben dagegen nach aufsen, und endlich giebt noch die Scheitelspannung, welche überwunden werden mufs, ein Moment zur Erhaltung der Widerlage her. Mit Beibehaltung der frühern Bezeichnungen ist demnach die allgemeine Gleichung, um w zu berechnen,

$$wk\,.\,\frac{w}{2} + T_{(\alpha)}\sin\alpha\left(w - \frac{b}{2}\right) + \frac{b}{2}\,.\,b\varrho$$

$$= T_{(\alpha)}\cos\alpha\,.\,k - \int N\cos\alpha\left(w - \frac{b}{2} + G - y\right) - \int N\sin\alpha(k + H - x).$$

Nehmen wir hier allein, wie es genügen kann, auf den vollständigen elliptischen Halbkreis Rücksicht, so ist bei $\alpha = 90^\circ$, $G = c$, $H = a$, $T_{(\alpha)}\sin\alpha = b\frac{c^2 + a^2}{a}$, $T_{(\alpha)}\cos\alpha = 0$, ferner $\int(yN\cos\alpha + xN\sin\alpha) = \frac{1}{2}\,\frac{bca^2}{\sqrt{(c^2 - a^2)}}\,\text{log. nat.}\left(\frac{c + \sqrt{(c^2 - a^2)}}{a}\right)$ $+ \frac{1}{2}bc^2 - bac - \frac{bc^3}{a}$, $\int N\sin\alpha = -\frac{bc^2}{a}$ und $\int N\cos\alpha = bq - ba - \frac{bc^2}{a}$. Substituirt man diese Werthe in die obige Gleichung und setzt überdies für ϱ seinen Werth $\frac{c^2}{a}$, so erhält man

$$\frac{k}{2}w^2+\frac{b(c^2+a^2)}{a}\left(w-\frac{b}{2}\right)+\frac{b^2c^2}{2}$$

$$=b\left(\frac{a^2+c^2}{a}-q\right)\left(w-\frac{b}{2}+c\right)+\frac{bc^2}{a}(k+a)$$

$$+\tfrac{1}{2}\frac{bca^2}{\sqrt{(c^2-a^2)}}\log.\text{nat.}\left(\frac{c+\sqrt{(c^2-a^2)}}{a}\right)+\tfrac{1}{2}bc^2-bac-\frac{bc^3}{a},$$

oder nach den erforderlichen Reduktionen

$$\frac{k}{2}w^2+bqw=\frac{b^2\left(q-\frac{c^2}{a}\right)}{2}-bcq+\frac{kbc^2}{a}+\tfrac{3}{2}bc^2$$

$$+\tfrac{1}{2}\frac{bca^2}{\sqrt{(c^2-a^2)}}\log.\text{nat.}\left(\frac{c+\sqrt{(c^2-a^2)}}{a}\right),$$

woraus

$$w=-\frac{bq}{k}+\sqrt{\left\{\frac{b^2}{k}\left(q-\frac{c^2}{a}\right)-\frac{2bcq}{k}+\frac{2bc^2}{a}+\frac{3bc^2}{k}\right.}$$

$$\left.+\frac{bca^2}{k\sqrt{(c^2-a^2)}}\log.\text{nat.}\left(\frac{c+\sqrt{(c^2-a^2)}}{a}\right)+\frac{b^2q^2}{k^2}\right\}$$

folgt. Wird in diese Gleichung $a=c=r$ gesetzt, wodurch der elliptische Bogen in einen Halbkreis übergeht, so bekommt q den Werth $r\frac{\pi}{2}$, und man erhält

$$w=-\frac{br\pi}{2k}+\sqrt{\left\{\frac{b^2r(\pi-2)}{2k}+2br+\frac{br^2(4-\pi)}{k}+\frac{b^2r^2\pi^2}{4k^2}\right\}},$$

grade wie in §. 19. gefunden wurde. — Die Resultate aus der Gleichung sind folgende:

1) bei $c=10$, $a=8$, $b=2$, $k=10$, wo $q=4{,}51385\,\pi$ ist, findet man

$$w=-2{,}8361+\sqrt{76{,}7802}=5{,}926,$$

2) bei $c=10$, $a=8$, $b=2$, $k=10$, wo $q=4{,}06274\,\pi$, wird

$$w=-2{,}5527+\sqrt{90{,}4551}=6{,}958.$$

Beide Werthe sind gröfser als die entsprechenden bei dem kreisförmigen Bogen.

Fassen wir zum Schlusse alle Resultate zusammen, so ergiebt sich, dafs der elliptische Halbkreis, und zwar je flacher er ist, desto bedeutender, an Stabilität hinter dem mit ihm nach Weite und Höhe übereinstimmenden kreisförmigen Gewölbbogen zurücksteht.

§. 26.

Die Vertheilung der Kräfte auf einem gedrückten Kreisbogen von gleicher Dicke.

Der gedrückte Kreisbogen besteht aus mehreren Kreisbogen von verschieden langen Radien, die unmittelbar an einander gefügt sind und von denen der letzte wenigstens in der Regel senkrecht auf der Widerlage aufsteht. Sind die obern Bogen, wie es gewöhnlich der Fall ist, mit längern Radien als die untern beschrieben, so nimmt der gedrückte Kreis die Form eines elliptischen Halbkreises an und kommt ihm desto näher, aus je mehr und je passender gewählten Theilen er zusammengesetzt ist. Um die Untersuchung über diesen Bogen zunächst ganz allgemein zu führen, wollen wir annehmen, dafs er aus beliebig vielen Theilen bestehe, von denen der erste, gerechnet vom Scheitel ab, mit dem Radius r' bis auf den Winkel α' geführt ist, der zweite mit dem Radius r'' bis zum Winkel α'', der dritte mit dem Radius r''' bis α''' u. s. w. f.; wir bestimmen sonach die auf ihn wirkenden Normalkräfte aus der allgemeinen Formel §. 14., nämlich aus

$$n^m = \tfrac{1}{2}(S^m+S^n)\frac{\cos\alpha^n}{\cos\frac{\alpha^n-\alpha^m}{2}} - \left\{\tfrac{1}{2}(S^l+S^m)\frac{\sin\frac{\alpha^m+\alpha^l}{2}}{\cos\frac{\alpha^m-\alpha^l}{2}} + \ldots\right.$$
$$\left. + \tfrac{1}{2}(S+S')\frac{\sin\frac{\alpha'+\alpha}{2}}{\cos\frac{\alpha'-\alpha}{2}} + \frac{\tfrac{1}{2}S}{\sin\alpha}\right\}\frac{\sin(\alpha^n-\alpha^m)}{\cos\frac{\alpha^n-\alpha^m}{2}}.$$

In dieser Formel bedeutet, wie im genannten §. ausgeführt ist, n^m die im $m$ten Elemente wirkende Normalkraft N; $\frac{1}{2}(S^m+S^n)$ ist die Schwere des $m$ten Elements, α^n der dazu gehörige Winkel; die Gröfsen $\frac{1}{2}(S^l+S^m)$ geben die vorhergehenden Elemente bis zum Scheitel hin, die wieder mit ihren Winkeln verbunden sind. Da nun die einzelnen Elemente des Bogens, je nachdem sie im ersten, zweiten, u. s. w. Theile liegen, durch $br'\alpha d\alpha$, $br''\alpha d\alpha$, $br'''\alpha d\alpha$ .... bestimmt werden, so zerfallen die in der Parenthese enthaltenen Glieder mit Ausnahme des letzten für sich allein stehenden in ebenso viele Gruppen, als Bogentheile vorkommen und müssen einzeln summirt werden. Kommt hiernach die Normalkraft N beim Winkel α in Betracht, die im $n$ten Bogentheile liege, so erhält man N mit Umstellung der Glieder aus

$$N = br^n \cos\alpha d\alpha - \Big\{\int_0^{\alpha'} br' \sin\alpha d\alpha + \int_{\alpha'}^{\alpha''} br'' \sin\alpha d\alpha$$
$$+ \int_{\alpha''}^{\alpha'''} br''' \sin\alpha d\alpha \ldots . + \int_{\alpha^{n-1}}^{\alpha} br^n \sin\alpha d\alpha + br'\Big\} d\alpha,$$

worin so viele Integrale beibehalten werden, als Radien zwischen $\alpha = 0$ und $\alpha = \alpha$ vorkommen. Die einzelnen Integrale innerhalb ihrer Grenzen gelöst geben

$$N = br^n \cos\alpha d\alpha - [br'(1 - \cos\alpha') + br''(\cos\alpha' - \cos\alpha'')$$
$$+ br'''(\cos\alpha'' - \cos\alpha''') \ldots . - br^n \cos\alpha + br'] d\alpha$$

oder

$$N = -br'(2 - \cos\alpha') d\alpha - br''(\cos\alpha' - \cos\alpha'') d\alpha$$
$$- br'''(\cos\alpha'' - \cos\alpha''') d\alpha \ldots . + 2br^n \cos\alpha d\alpha.$$

Diese Formel geht auf den Kreisbogen zurück, wenn man $r' = r'' = r''' = \ldots = r$ setzt; man bekommt

$$N = -2br(1 - \cos\alpha) d\alpha$$

grade wie in §. 16. — Die Spannung im Bogen leiten wir ebenfalls aus der allgemeinen Formel

$$t^n = \frac{1}{\cos\alpha^n}\left(C + n\sin\frac{\alpha'+\alpha}{2} + n'\sin\frac{\alpha''+\alpha'}{2} + n''\sin\frac{\alpha'''+\alpha''}{2} + \ldots\right)$$

her; hierin ist $C = br'$ und die übrigen Glieder geben die Summe sämmtlicher Normalkräfte multiplicirt mit dem Sinus des zu ihrem Bogenelemente gehörigen Winkels. Diese Summe zerfällt wieder in ebenso viele Gruppen, als Radien bis zum Winkel α vorkommen, bei welchem die Spannung bestimmt werden soll; bezeichnen wir also der Kürze wegen die Normalkräfte im ersten Bogentheile allgemein mit N', im zweiten mit N'', im dritten mit N''' und so fort, so erhalten wir

$$T_{(\alpha)} = \frac{1}{\cos\alpha}\left\{br' + \int_0^{\alpha'} N'\sin\alpha + \int_{\alpha'}^{\alpha''} N''\sin\alpha + \int_{\alpha''}^{\alpha'''} N'''\sin\alpha + \dots \right.$$
$$\left. + \int_{\alpha^{n-1}}^{\alpha} N\sin\alpha\right\}.$$

Es folgt aber aus der obigen Formel

$$N' = -br'(2-2\cos\alpha)\,d\alpha,$$
$$N'' = -br'(2-\cos\alpha')\,d\alpha - br''(\cos\alpha' - 2\cos\alpha)\,d\alpha,$$
$$N''' = -br'(2-\cos\alpha')\,d\alpha - br''(\cos\alpha' - \cos\alpha'')\,d\alpha$$
$$-br'''(\cos\alpha'' - 2\cos\alpha)\,d\alpha,$$

u. s. w., und da mit Berücksichtigung dieser Werthe

$$\int_0^{\alpha'} N'\sin\alpha = br'(2-\cos\alpha')\cos\alpha' - br',$$
$$\int_{\alpha'}^{\alpha''} N''\sin\alpha = br'(2-\cos\alpha')(\cos\alpha'' - \cos\alpha')$$
$$+br''(\cos\alpha' - \cos\alpha'')\cos\alpha'',$$
$$\int_{\alpha''}^{\alpha'''} N'''\sin\alpha = [br'(2-\cos\alpha') + br''(\cos\alpha' - \cos\alpha'')](\cos\alpha''' - \cos\alpha'')$$
$$+br'''(\cos\alpha'' - \cos\alpha''')\cos\alpha''',$$

. . . .

$$\int_{\alpha^{n-1}}^{\alpha} N^n\sin\alpha = [br'(2-\cos\alpha') + br''(\cos\alpha' - \cos\alpha'')$$
$$+br'''(\cos\alpha'' - \cos\alpha''') + \dots$$
$$+br^{n-1}(\cos\alpha^{n-2} - \cos\alpha^{n-1})]\,(\cos\alpha - \cos\alpha^{n-1})$$
$$+br^n(\cos\alpha^{n-1} - \cos\alpha)\cos\alpha$$

ist, so bekommt man

$$T_{(\alpha)} = br'(2-\cos\alpha') + br''(\cos\alpha' - \cos\alpha'') + br'''(\cos\alpha'' - \cos\alpha''') + \dots$$
$$+br^n(\cos\alpha^{n-1} - \cos\alpha).$$

Beim Kreisbogen, wo $r' = r'' = r''' = \dots = r$ ist, verändert sich die Formel in

$$T_{(\alpha)} = br(2-\cos\alpha),$$

wie es nach §. 16. verlangt wird.

Wir wollen noch den Druck Q eines gedrückten Kreisbogens vertikal nach unten suchen; derselbe folgt, wie schon früher auseinandergesetzt wurde, aus

$$Q = T_{(\alpha)} \sin\alpha + \int N \cos\alpha,$$

oder mit vollständigerer Angabe aus

$$Q = T_{(\alpha)} \sin\alpha + \int_0^{\alpha'} N' \cos\alpha + \int_{\alpha'}^{\alpha''} N'' \cos\alpha + \int_{\alpha''}^{\alpha'''} N''' \cos\alpha + \ldots + \int_{\alpha^{n-1}}^{\alpha} N^n \cos\alpha.$$

Man findet aber

$$\int_0^{\alpha'} N' \cos\alpha = -br'(2 - \cos\alpha') \sin\alpha' + br'\alpha',$$

$$\int_{\alpha'}^{\alpha''} N'' \cos\alpha = -br'(2 - \cos\alpha')(\sin\alpha'' - \sin\alpha') - br''(\cos\alpha' - \cos\alpha'')\sin\alpha'' + br''(\alpha'' - \alpha'),$$

$$\int_{\alpha''}^{\alpha'''} N''' \cos\alpha = -[br'(2 - \cos\alpha') + br''(\cos\alpha' - \cos\alpha'')](\sin\alpha''' - \sin\alpha'') - br'''(\cos\alpha'' - \cos\alpha''')\sin\alpha''' + br'''(\alpha''' - \alpha''),$$

. . .

$$\int_{\alpha^{n-1}}^{\alpha} N^n \cos\alpha = -[br'(2 - \cos\alpha') + br''(\cos\alpha' - \cos\alpha'') + \ldots + br^{n-1}(\cos\alpha^{n-2} - \cos\alpha^{n-1})](\sin\alpha - \sin\alpha^{n-1}) - br^n(\cos\alpha^{n-1} - \cos\alpha)\sin\alpha + br^n(\alpha - \alpha^{n-1}),$$

also allgemein

$$\int N \cos\alpha = -[br'(2 - \cos\alpha') + br''(\cos\alpha' - \cos\alpha'') + br'''(\cos\alpha'' - \cos\alpha''') + \ldots + br^n(\cos\alpha^{n-1} - \cos\alpha)]\sin\alpha + br'\alpha' + br''(\alpha'' - \alpha') + \ldots + br^n(\alpha - \alpha^n),$$

und

$$Q = br'\alpha' + br''(\alpha'' - \alpha') + br'''(\alpha''' - \alpha'') + \ldots + br^n(\alpha - \alpha^{n-1}),$$

womit das Gewicht des Bogens richtig ausgedrückt ist.

§. 27.

Das Ausgleiten eines gedrückten Kreisbogens.

In dem vorhergehenden §. sind sämmtliche Ausdrücke enthalten, welche

I. das Ausgleiten des Bogens mit unveränderter Fugenrichtung bestimmen. Bezeichnet nämlich α den Winkel der Endfuge, so ist die gesammte horizontale Kraft nach aufsen $= T_{(\alpha)} \cos\alpha - \int N \sin\alpha$, die gesammte Kraft vertikal nach unten $= T_{(\alpha)} \sin\alpha + \int N \cos\alpha$; hieraus folgt der Normaldruck auf die Fuge $= (T_{(\alpha)} \cos\alpha - \int N \sin\alpha) \cos\alpha + (T_{(\alpha)} \sin\alpha + \int N \cos\alpha) \sin\alpha$, welche mit μ multiplicirt die Reibung giebt; diese mufs überwunden werden durch eine Kraft $= (T_{(\alpha)} \cos\alpha - \int N \sin\alpha) \sin\alpha - (T_{(\alpha)} \sin\alpha + \int N \cos\alpha) \cos\alpha$. Da aber $T_{(\alpha)} \cos\alpha - \int N \sin\alpha = br'$ und $T_{(\alpha)} \sin\alpha + \int N \cos\alpha = Q = bs$ ist, insofern s die Länge des Bogens bezeichnet, so mufs, um das Ausgleiten zu verhüten

$$\mu (br' \cos\alpha + bs \sin\alpha) > br' \sin\alpha - bs \cos\alpha$$

oder

$$\mu > \frac{r' \sin\alpha - s \cos\alpha}{r' \cos\alpha + s \sin\alpha}$$

sein; eine Formel, die am meisten mit dem Resultate beim elliptischen Bogen übereinstimmt und zeigt, dafs man auch hier das Ausgleiten mehr als beim Kreisbogen zu befürchten habe. Steht der letzte Bogentheil senkrecht auf der Widerlage auf, oder nimmt man, was dasselbe ist, $\alpha = 90^0$, so verändert sich die Bedingungsgleichung in

$$\mu > \frac{r'}{s}.$$

Als Beispiel bestehe ein solcher gedrückter Kreisbogen aus zwei Theilen, von denen der erste bis $\alpha' = 45^0$, der andere bis $\alpha = 90^0$ geht, so mufs zuvörderst wegen des Zusammenhangs beider Theile $(r' - r'') \cos\alpha' = r' - H$ und $(r' - r'') \sin\alpha' = G - r''$ sein, worin H und G die mittlere Höhe und halbe Spannweite des Bogens bezeichnen. Man erhält hieraus

$$r' = \frac{G \cos\alpha' - H(1 - \sin\alpha')}{\sin\alpha' + \cos\alpha' - 1} \text{ und } r'' = \frac{H \sin\alpha' - G(1 - \cos\alpha')}{\sin\alpha' + \cos\alpha' - 1},$$

und bei $\alpha' = 45^0$

$$r' = \frac{G\sqrt{2} - H(2 - \sqrt{2})}{2\sqrt{2} - 2} \text{ und } r'' = \frac{H\sqrt{2} - G(2 - \sqrt{2})}{2\sqrt{2} - 2}.$$

Die Berechnung giebt jetzt

1) bei $H = 0{,}8\,G$, $r' = 1{,}141422\,G$, $r'' = 0{,}658578\,G$,

$$s = (r' + r'')\frac{\pi}{4} = 0{,}45\,\pi G \text{ und}$$

$$\mu > 0{,}808,$$

2) bei $H = 0{,}6\,G$, $r' = 1{,}28285\,G$, $r'' = 0{,}31715\,G$,

$$s = (r' + r'')\frac{\pi}{4} = 0{,}4\,\pi G \text{ und}$$

$$\mu > 1{,}020.$$

II. In Bezug auf das Ausgleiten des Bogens mit veränderter Fugenrichtung stelle $A'B'C'D'$ (Fig. 17.) die Spannungscurve des gleich dicken gedrückten Kreisbogens dar, beschrieben von O' mit dem Radius r' bis zum Winkel $B'O'A' = \alpha'$, aus O'' mit dem Radius r'' bis zum Winkel $C'O''A'' = \alpha''$, aus O''' mit dem Radius r''' bis α''' u. s. w. bis zum Winkel α der Endfuge hin. Setzt man nun für einen beliebigen Punkt N' die Ordinate $N'H = y$ und die Abscisse $A'H = x$, bezeichnet den Reibungscoefficienten mit μ, und behält die übrigen Bezeichnungen bei, so werden die Normalkräfte den Bogen nicht um A drehen, wenn

$$-\int N\cos\alpha\,.\,y - \int N\sin\alpha\left(x + \frac{b}{2}\right)$$

$$< \mu T_{(\alpha)}\left(H + \frac{b}{2}\right) + \frac{b}{2}\,T_{(\alpha)} + \frac{b}{2}\,br'$$

ist. Die vorstehenden Integrale zerfallen aber in die schon oben angegebenen Gruppen zwischen den Grenzen 0 und α', α' und α'', α'' und α''' u. s. w., und nach diesen Gruppen bestimmen sich gleichfalls die Werthe von y und x. Es ist nämlich, wie man sich leicht überzeugen wird, bei den Normalkräften N' $y = r'\sin\alpha$, $x = r' - r'\cos\alpha$, bei den Normalkräften N'' $y = r''\sin\alpha + (r' - r'')\sin\alpha'$, $x = r' - r''\cos\alpha - (r' - r'')\cos\alpha'$, bei den Normalkräften N''' $y = r'''\sin\alpha + (r'' - r''')\sin(\alpha'' - \alpha') + (r' - r'')\sin\alpha'$, $x = r' - r'''\cos\alpha - (r'' - r''')\cos(\alpha'' - \alpha') - (r' - r'')\cos\alpha'$ u. s. w. Nimmt man daher diese Integrale einzeln, so bekommt man

$$-\int yN\cos\alpha-\int xN\sin\alpha$$

$$=-r'\int_0^{\alpha'}N'\sin\alpha-(r'-r'')\sin\alpha'\int_{\alpha'}^{\alpha''}N''\cos\alpha$$

$$-[r'-(r'-r'')\cos\alpha']\int_{\alpha'}^{\alpha''}N''\sin\alpha$$

$$-[(r'-r''\sin\alpha'+(r''-r''')\sin(\alpha''-\alpha')]\int_{\alpha''}^{\alpha'''}N'''\cos\alpha$$

$$-[r'-(r'-r'')\cos\alpha'-(r''-r''')\cos(\alpha''-\alpha')]\int_{\alpha''}^{\alpha'''}N'''\sin\alpha$$

$$-[(r'-r'')\sin\alpha'+(r''-r''')\sin(\alpha''-\alpha')$$
$$+(r'''-r'''')\sin(\alpha'''-\alpha'')]\int_{\alpha'''}^{\alpha''''}N''''\cos\alpha$$

$$-[r'-(r'-r'')\cos\alpha'-(r''-r''')\cos(\alpha''-\alpha')$$
$$-(r'''-r'''')\cos(\alpha'''-\alpha'')]\int_{\alpha'''}^{\alpha''''}N''''\sin\alpha$$

$$-\ldots\ldots\ldots,$$

und nach Substitution der oben gefundenen Werthe

$$-\int yN\cos\alpha-\int xN\sin\alpha=-r'[br'(2-\cos\alpha')\cos\alpha'-br']$$

$$+(r'-r'')\sin\alpha'[br'(2-\cos\alpha')(\sin\alpha''-\sin\alpha')$$
$$+br''(\cos\alpha'-\cos\alpha'')\sin\alpha''-br''(\alpha''-\alpha')]$$

$$-[r'-(r'-r'')\cos\alpha'][br'(2-\cos\alpha')(\cos\alpha''-\cos\alpha')$$
$$+br''(\cos\alpha'-\cos\alpha'')\cos\alpha'']$$

$$+[(r'-r'')\sin\alpha'+(r''-r''')\sin(\alpha''-\alpha')][(br'(2-\cos\alpha')$$
$$+br''(\cos\alpha'-\cos\alpha''))(\sin\alpha'''-\sin\alpha'')$$
$$+br'''(\cos\alpha''-\cos\alpha''')\sin\alpha'''-br'''(\alpha'''-\alpha'')]$$

$$-[r'-(r'-r'')\cos\alpha'-(r''-r''')\cos(\alpha''-\alpha')][(br'(2-\cos\alpha')$$
$$+br''(\cos\alpha'-\cos\alpha''))(\cos\alpha'''-\cos\alpha'')$$
$$+br'''(\cos\alpha''-\cos\alpha''')\cos\alpha''']$$

$$+\ldots\ldots\ldots$$

$$
\begin{aligned}
= &- r'[br'(2-\cos\alpha')\cos\alpha + br''(\cos\alpha'-\cos\alpha'')\cos\alpha \\
&\qquad + br'''(\cos\alpha''-\cos\alpha''')\cos\alpha + \ldots - br'] \\
&+(r'-r'')\cos\alpha'[br'(2-\cos\alpha')(\cos\alpha-\cos\alpha') \\
&\qquad + br''(\cos\alpha'-\cos\alpha'')\cos\alpha + br'''(\cos\alpha''-\cos\alpha''')\cos\alpha + \ldots] \\
&+(r''-r''')\cos(\alpha''-\alpha')[(br'(2-\cos\alpha') \\
&\qquad + br''(\cos\alpha'-\cos\alpha''))(\cos\alpha-\cos\alpha'') \\
&\qquad + br'''(\cos\alpha''-\cos\alpha''')\cos\alpha + \ldots] \\
&+ \ldots\ldots \\
&+(r'-r'')\sin\alpha'[br'(2-\cos\alpha')(\sin\alpha-\sin\alpha') \\
&\qquad + br''(\cos\alpha'-\cos\alpha'')\sin\alpha + br'''(\cos\alpha''-\cos\alpha''')\sin\alpha + \\
&\qquad \ldots - br''(\alpha''-\alpha') - br'''(\alpha'''-\alpha'') - \ldots] \\
&+(r''-r''')\sin(\alpha''-\alpha')[(br'(2-\cos\alpha') \\
&\qquad + br''(\cos\alpha'-\cos\alpha''))(\sin\alpha-\sin\alpha'') \\
&\qquad + br'''(\cos\alpha''-\cos\alpha''')\sin\alpha + \ldots \\
&\qquad - br'''(\alpha'''-\alpha'') - br''''(\alpha''''-\alpha''') - \ldots] \\
&+ \ldots\ldots
\end{aligned}
$$

Endet der ganze gedrückte Kreisbogen mit $\alpha = 90^\circ$, wie man es in Bezug auf die Praxis immer voraussetzen kann, so vereinfacht sich das Resultat und man erhält

$$
\begin{aligned}
&- \int yN\cos\alpha - \int xN\sin\alpha \\
= &\; br'^2 - (r'-r'')br'(2-\cos\alpha') - (r''-r''')\cos\alpha'[br'(2-\cos\alpha') \\
&\qquad + br''(\cos\alpha'-\cos\alpha'')] \\
&- (r'''-r'''')\cos\alpha''[br'(2-\cos\alpha') + br''(\cos\alpha'-\cos\alpha'') \\
&\qquad + br'''(\cos\alpha''-\cos\alpha''')] - \ldots \\
&+ (r'-r'')\sin\alpha'[br'(2-\cos\alpha') + br''(\cos\alpha'-\cos\alpha'') \\
&\qquad + br'''(\cos\alpha''-\cos\alpha''') + \ldots - br''(\alpha''-\alpha') \\
&\qquad - br'''(\alpha'''-\alpha'') - \ldots] \\
&+ (r''-r''')\sin(\alpha''-\alpha')[br'(2-\cos\alpha') + \ldots - br'''(\alpha'''-\alpha'') - \ldots] \\
&+ \ldots\ldots
\end{aligned}
$$

Nachdem ich die allgemeine Lösung der Aufgabe gezeigt habe, will ich die Anwendung nur auf einen mit zwei verschiedenen Radien beschriebenen Bogen machen, welcher sich zugleich bis auf $\alpha = 90^\circ$ ausdehnt. In diesem speciellen Falle ist

$$-\int yN\cos\alpha - \int xN\sin\alpha$$
$$= br'^2 - (r'-r'')\,br'(2-\cos\alpha')$$
$$+(r'-r'')\sin\alpha'\left\{br'(2-\cos\alpha') + br''\cos\alpha' - br''\left(\frac{\pi}{2}-\alpha'\right)\right\}$$

oder da $(r'-r'')\sin\alpha' = G - r''$ und $br'(2-\cos\alpha') + br''\cos\alpha' = b(r'+H)$ ist, auch $= br'^2 - b(r'-r'')\,r'(2-\cos\alpha') + b(G-r'')\left[r'+H-r''\left(\frac{\pi}{2}-\alpha'\right)\right]$; aufserdem hat man $-\frac{b}{2}\int N\sin\alpha = \frac{b}{2}.br'$, $T_{(\alpha)} = br'(2-\cos\alpha') + br''\cos\alpha' = b(r'+H)$. Substituirt man demnach diese Werthe in die obige Gleichung, so wird gegen das Ausgleiten

$$\mu > \frac{r'^2 + (G-r'')[r'+H-r''(\frac{1}{2}\pi-\alpha')] - (r'-r'')r'(2-\cos\alpha') - \frac{1}{2}b(r'+H)}{(r'-H)\,(H+\frac{1}{2}b)}$$

erfordert. Ich wähle zur Vergleichung die oben unter I. gegebenen Beispiele, in denen $\alpha' = 45^0$ war; man bekommt hier

1) bei $G = 10$, $H = 8$, $b = 2$
$\mu > 0{,}505$,
2) bei $G = 10$, $H = 6$, $b = 2$
$\mu > 0{,}737$.

§. 28.

Die Stärke der Widerlage bei einem gedrückten Kreisbogen.

I. Das Ausgleiten der Widerlage steht nach den bisherigen Angaben unter der Formel

$$-\int N\sin\alpha + T_{(\alpha)}\cos\alpha = \mu[wk + T_{(\alpha)}\sin\alpha + \int N\cos\alpha];$$

hierin ist $-\int N\sin\alpha + T_{(\alpha)}\cos\alpha = br'$ und $T_{(\alpha)}\sin\alpha + \int N\cos\alpha = bs$, somit erhält man unmittelbar

$$w = \frac{b(r'-\mu s)}{\mu k}.$$

Die beiden oben berechneten Beispiele, indem r' und r'' bei 45^0 zusammenstofsen, geben, wenn $\mu = \frac{1}{2}$ gesetzt wird,

$$1)\ \text{bei}\ H = 0{,}8\,G,\quad w = 0{,}8686\,\frac{bG}{k},$$

$$2)\ \text{bei}\ H = 0{,}6\,G,\quad w = 1{,}3086\,\frac{bG}{k}.$$

II. Die Stärke der Widerlage, welche sie eben gegen den Umsturz sichert, folgt bei $\alpha = 90^0$ aus der Bedingungsgleichung

$$wk\,.\,\frac{w}{2} + T_{(90)}\left(w - \frac{b}{2}\right) + \frac{b}{2}\,.\,br'$$
$$= -\int N\cos\alpha\left(w - \frac{b}{2} + G - y\right) - \int N\sin\alpha\,(k + H - z).$$

Die Werthe der einzelnen in der Formel enthaltenen Integrale sind schon in den beiden vorhergehenden §§. angegeben; indem ich darauf verweise, vereinfache ich hier die Gleichung sogleich, indem ich sie auf einen Bogen von nur zwei Radien r' und r'' beziehe. In diesem Falle ist

$$T_{(90)} = br'(2 - \cos\alpha') + br''\cos\alpha' = b(r' + H),$$

$$-\int N\cos\alpha = br'(2 - \cos\alpha') + br''\cos\alpha' - br'\alpha' - br''\left(\frac{\pi}{2} - \alpha'\right)$$
$$= b(r' + H) - br'\alpha' - br''\left(\frac{\pi}{2} - \alpha'\right),$$

$$-\int N\sin\alpha = br',$$

$$\int yN\cos\alpha + \int xN\sin\alpha = -br'^2 + b(r' - r'')\,r'(2 - \cos\alpha')$$
$$- b(G - r'')\left[r' + H - r''\left(\frac{\pi}{2} - \alpha'\right)\right].$$

Werden diese Werthe in die obige Gleichung substituirt, so erhält man nach den erforderlichen Reduktionen

$$\frac{k}{2}w^2 + \left[br'\alpha' + br''\left(\frac{\pi}{2} - \alpha'\right)\right]w$$
$$= \frac{b}{2}\left[br'(\alpha' - 1) + br''\left(\frac{\pi}{2} - \alpha'\right)\right] - Gbr'\alpha' + br'(k + r' + H)$$
$$- b(r' + r'')(r' - H) - br''^2\left(\frac{\pi}{2} - \alpha'\right),$$

woraus sich w mit Leichtigkeit entwickeln läfst. Setzt man als Beispiele, wie oben, $G = 10$, $b = 2$, $\alpha' = 45^\circ$, $k = 10$, so folgt

$$1)\text{ bei } H = 8,\quad w = -2{,}8274 + \sqrt{69{,}3127} = 5{,}498,$$
$$2)\text{ bei } H = 6,\quad w = -2{,}5133 + \sqrt{66{,}9776} = 5{,}671.$$

Die Vergleichung sämmtlicher Resultate mit denen beim elliptischen Halbkreise zeigt hinlänglich die Aehnlichkeit beider Bogen, welche sich auch vom Anfange an erwarten liefs und welche beim zweiten Beispiele noch gröfser sein würde, wenn man für α' einen passendern Winkel als $\alpha = 45^\circ$ gewählt hätte. Umgekehrt zeigt aber wieder grade dies letztere Beispiel, dafs, wenn der untere Bogentheil gegen den obern bedeutend zurücktritt, die Resultate fast allein vom obern Bogentheil abhängen und sich somit nach den Formeln beim Kreisbogen richten; der untere Theil stellt dann gewissermafsen nur die Fortsetzung der Widerlage dar.

§. 29.

Die Vertheilung der Kräfte auf einem mit einer Stirnmauer versehenen Kreisgewölbe.

Ich gehe jetzt zur Bestimmung der in einem kreisförmigen Gewölbbogen wirkenden Kräfte über, wenn derselbe mit einer oben horizontal begrenzten Stirnmauer belastet ist. Es sei hierzu $ABCD$ (Fig. 18.) der Gewölbbogen von gleicher Dicke AC, und die mittlere Spannungslinie liege in $A'B'$; auf ihm ruhe die oben horizontal begrenzte Stirnmauer $EAGB$, die mit der Widerlage in HF endigt und die über dem obern Scheitel des Gewölbes A eine Höhe AE hat. Zuvörderst tritt uns hier eine Schwierigkeit gegenüber, die aus der bisherigen Beziehung der Schwere des ganzen Gewölbbogens auf seine Mittellinie entspringt und die z. B. von N' aus die Höhe der Stirnmauer KM nur auf eine complicirte Weise auszudrücken gestattet. Um diesem Hindernisse zu entgehen, dessen vollständige Beseitigung doch die Resultate nur um weniges genauer hervorstellen würde, könnte man die Spannungslinie des Gewölbes entweder auf die äufsere oder auf die innere Wölbungslinie verlegen, doch scheint es mir theils zum Anschlufs an das Bisherige, theils um die beiden angegebenen Verfahrungsarten auf einmal zu vereinigen, am besten zu sein die mittlere Linie $A'B'$ in der Weise beizubehalten, dafs man in ihr nur die Masse des untern Theils vom Bogen oder mit andern Worten die Masse des Bogens von halber Dicke concentrirt denkt und den obern Theil mit zur Stirnmauer rechnet. Setzt man hinterher in die gefundenen Formeln die halbe Dicke $= 0$, vermehrt um diese Gröfse die Höhe der Stirnmauer im Scheitel und verändert den Radius, so erlangt man die Beziehung der ganzen Last auf die innere Wölbungslinie, setzt man dagegen die Dicke doppelt so grofs an, verringert zugleich die angenommene Höhe der Stirnmauer im Scheitel um die halbe Dicke des Bogens und nimmt den äufsern Radius auf, so tritt die Beziehung auf die äufsere Gewölblinie ein. Demnach wird unsere Berechnung beide Fälle zu gleicher Zeit behandeln. Es finde also die Beziehung auf die mittlere Spannungslinie statt, der Bogen habe eine halbe Dicke $= \beta$ und die Höhe der Stirnmauer bis auf die mittlere Linie $A'E$ sei $= p$, so erhalten wir zur Bestimmung der Normalkräfte aus der allgemeinen Formel in §. 15.

$$N = dQ\cos\alpha - (\int dQ\sin\alpha)\,d\alpha - \frac{\frac{1}{2}S}{\sin\alpha_1}\,d\alpha$$

hier, wo bei $\angle NOC = \alpha$, $N'O = A'O = r$, $dQ = r d\alpha(\beta + KN'\cos\alpha) = r d\alpha[\beta + (p + r - r\cos\alpha)\cos\alpha]$ und $\frac{\frac{1}{2}S}{\sin\alpha_1} = (\beta + p)\,r$ ist,

$$N = r d\alpha[\beta + (p + r - r\cos\alpha)\cos\alpha]\cos\alpha$$
$$-(\int r d\alpha[\beta + (p + r - r\cos\alpha)\cos\alpha]\sin\alpha)\,d\alpha - (\beta + p)\,r d\alpha,$$

worin das Integral von $\alpha = 0$ bis $\alpha = \alpha$ genommen werden mufs. Es ist aber $\int r d\alpha\,[\beta + (p + r - r\cos\alpha)\cos\alpha]\sin\alpha$ $= -\beta r\cos\alpha + \beta r - \frac{1}{2}(p+r)r\cos^2\alpha + \frac{1}{2}(p+r)r + \frac{1}{3}r^2\cos^3\alpha - \frac{1}{3}r^2$; substituirt man diesen Werth in die vorstehende Gleichung, so erhält man nach den erforderlichen Reduktionen

$$N = (2\beta r\cos\alpha + \tfrac{3}{2}(p+r)r\cos^2\alpha - \tfrac{4}{3}r^2\cos^3\alpha - 2\beta r - \tfrac{3}{2}pr - \tfrac{1}{6}r^2)d\alpha$$

und bei $\alpha = 90^0$

$$N = -(2\beta r + \tfrac{3}{2}pr + \tfrac{1}{6}r^2)\,d\alpha.$$

Um dieses Resultat auf die äufsere Gewölblinie zu beziehen, hat man $\beta = b$ gleich der ganzen Dicke des Bogens, $p = p'$ und $r = r'$ zu setzen, um auf die innere, mufs $\beta = 0$, $p = p''$ und $r = r''$ sein, insofern $p' = EA$, $p'' = EC$ und r' den äufsern, r'' den innern Radius des Gewölbbogens ausdrückt.

Das Zeichen der Normalkräfte ist bei $\alpha = 90^0$ negativ und diese Kräfte wirken von innen nach aufsen auf den Bogen; bei andern Winkelgröfsen können sie positiv oder negativ sein, je nachdem sich das Verhältnifs der drei Gröfsen β, p, r zu einander stellt. Denn gesetzt die Normalkräfte wären im Anfange des Bogens positiv, so erlangen sie, um weiter nach unten hin negativ zu werden, bei irgend einem Winkel α' einen Werth $= 0$, grade ebenso wie im Scheitel. Diesen Winkel α' findet man ganz allgemein aus

$$2\beta\cos\alpha' + \tfrac{3}{2}(p+r)\cos^2\alpha' - \tfrac{4}{3}r\cos^3\alpha' - 2\beta - \tfrac{3}{2}p - \tfrac{1}{6}r = 0.$$

Stellt man diese Gleichung unter die Form

$$[2\beta + \tfrac{3}{2}p(\cos\alpha'+1) - \tfrac{4}{3}r\cos^2\alpha' + \tfrac{1}{6}r(\cos\alpha'+1)](\cos\alpha'-1) = 0,$$

so läfst sie sich mit $\cos\alpha' - 1$ heben, eben weil die Normalkräfte auch im Scheitel $= 0$ sind. Die noch bleibende quadratische Gleichung ist

$$\tfrac{4}{3}r\cos^2\alpha' - (\tfrac{3}{2}p + \tfrac{1}{6}r)\cos\alpha' = 2\beta + \tfrac{3}{2}p + \tfrac{1}{6}r,$$

und ihre Lösung giebt den gesuchten Winkel α' aus

$$\cos\alpha' = \tfrac{1}{16}\left(\frac{9p+r}{r}\right) + \sqrt{\left\{\tfrac{1}{8}\left(\frac{12\beta+9p+r}{r}\right) + \left(\frac{9p+r}{16r}\right)^2\right\}},$$

da das negative Zeichen vor der Wurzel nicht brauchbar ist.

Der $\cos\alpha'$ erhält einen möglichen Werth, d. h. es läfst sich ein Winkel α' des Bogens bestimmen, wo die Normalkräfte ihr Zeichen ändern, wenn

$$\tfrac{1}{16}\left(\frac{9p+r}{r}\right)+\sqrt{\left\{\tfrac{1}{8}\left(\frac{12\beta+9p+r}{r}\right)+\left(\frac{9p+r}{16r}\right)^2\right\}} < 1$$

wird. Folglich

$$\tfrac{1}{8}\left(\frac{12\beta+9p+r}{r}\right) < 1-\tfrac{1}{8}\left(\frac{9p+r}{r}\right)$$

oder

$$12\beta+9p+r < 8r-9p-r$$

oder endlich

$$r > 2\beta+3p.$$

In jedem Falle demnach, wo r gröfser als $2\beta+3p$ ist, wird der obere Theil des Bogens von den Normalkräften mehr oder weniger von aufsen nach innen gedrückt. —

Das Kreisgewölbe mit einer Stirnmauer bietet nach dem so eben Mitgetheilten den ersten Fall dar, wo die Normalkräfte bis auf eine bestimmte Fuge α' von aufsen nach innen auf den Bogen wirken, und wir müssen daher untersuchen, ob dadurch Veränderungen in den bisherigen Formeln hervorgebracht werden, um dieses und späterhin noch folgende ähnliche Verhältnisse sicher zu behandeln. Soviel tritt augenscheinlich hervor, dafs die nach innen wirkenden Normalkräfte den Bogen zusammenhalten und ihn, da sie ihn aus seiner Form niemals herausdrängen können, grade wie ein einziges Gewölbstück, wie einen einzigen grofsen Scheitelstein hinstellen. Ist dieses der Thatbestand, so darf man natürlich auch dieses Stück nach beiden Seiten des Bogens als den obersten oder ersten Stein ansehen, von welchem die Zerfällung der Kräfte erst anhebt. Seine eigene Schwere findet man, insofern man die Beziehung auf die Mittellinie beibehält, aus dem halben Bogen und dem darauf ruhenden Mauerwerk; stellt also IL (Fig. 18.) die Fuge dar, welche zum Winkel α' gehört, so wird das oberste Gewölbstück nach der einen Seite hin durch die Fläche $PI'LCE$ gegeben; diese ist

$$= I'LA'C + PSOE - I'OS - I'A'O$$

oder

$$= \beta r\alpha' + (p+r) r \sin\alpha' - \tfrac{1}{2} r^2 \sin\alpha' \cos\alpha' - \tfrac{1}{2} r^2 \alpha'.$$

Wir wollen sie der Kürze halber mit Q' bezeichnen. Dieser Keil drückt in vertikaler Richtung auf IL mit einer Kraft $= Q'$; wir zerlegen sie einmal horizontal nach innen, wohin der Bogen in sich selbst Widerstand leistet und die Kraft sich mit der entgegengesetzten von der andern Seite das Gleichgewicht hält, zweitens senkrecht gegen IL; die erstere Kraft stellt sich auf $Q' \operatorname{ctg} \alpha'$ und entspricht der Gröfse C in den allgemeinen Formeln §. 15., die andere ist $= \frac{Q'}{\sin\alpha'}$ und entspricht in denselben Formeln der Gröfse $\frac{\frac{1}{2}S}{\sin\alpha_1}$. Setzt man also von hier ab, von α' aus, die Zerfällung der Kräfte ganz in der frühern Weise fort, so erhält man zur Bestimmung der Normalkräfte im Bogen unterhalb α', die zur Unterscheidung mit N' bezeichnet werden mögen, die Gleichung:

$$N' = dQ \cos\alpha - (\int dQ \sin\alpha)\, d\alpha - \frac{Q'}{\sin\alpha'}\, d\alpha,$$

worin dQ wie oben $= r d\alpha [\beta + (p + r - r\cos\alpha)\cos\alpha]$ ist und das Integral von $\alpha = \alpha'$ bis $\alpha = \alpha$ genommen werden mufs. Da nun $-\int_{\alpha'}^{\alpha} Q \sin\alpha = \beta r \cos\alpha - \beta r \cos\alpha' + \frac{1}{2}(p+r) r \cos^2\alpha - \frac{1}{2}(p+r) r \cos^2\alpha' - \frac{1}{3} r^2 (\cos^3\alpha - \cos^2\alpha')$, so giebt die Substitution dieser Werthe

$$N' = \Big\{\beta r (2\cos\alpha - \cos\alpha') + (p+r) r (\tfrac{3}{2}\cos^2\alpha - \tfrac{1}{2}\cos^2\alpha') - r^2 (\tfrac{4}{3}\cos^3\alpha - \tfrac{1}{3}\cos\alpha') - \frac{Q'}{\sin\alpha'}\Big\}\, d\alpha,$$

folglich bei $\alpha = 90^0$

$$N' = -\left(\beta r \cos\alpha' + \tfrac{1}{2}(p+r) r \cos^2\alpha' - \tfrac{1}{3} r^2 \cos^3\alpha' + \frac{Q'}{\sin\alpha'}\right) d\alpha$$

und bei $\alpha = \alpha'$

$$N' = \left(\beta r \cos\alpha' + (p+r) r \cos^2\alpha' - r^2 \cos^3\alpha' - \frac{Q'}{\sin\alpha'}\right) d\alpha.$$

Die Vergleichung dieser Formeln mit den frühern zeigt eine Differenz uud es wäre demnach die Frage, welche Gleichungen den Vorzug verdienen. Wie man indeſs die Sache genauer betrachtet, so zeigt sich bald, daſs nach dem Früheren die Normalkraft in der Fuge α' gleich Null ist, so auch noch jetzt am Ende des obern Gewölbstücks, während sie zugleich sprungweise an derselben Stelle oder im nächsten Elemente den Werth $\left(\beta r \cos\alpha' + (p+r) r \cos^2\alpha' - r^2 \cos^3\alpha' - \frac{Q'}{\sin\alpha'}\right) d\alpha$ erlangt. Bei diesem plötzlichen Uebergange ist es offenbar nicht nöthig, diese Normalkraft an dieser Stelle zu lassen, sondern wir können sie auf den Bogen zurückführen, indem wir sie nach oben und nach unten gegen die nächsten Fugen rechtwinklig zerlegen. Denkt man sie an einem Elemente $r d\alpha$ angebracht, so bilden die nächsten Fugen den Winkel $d\alpha$ mit einander, und man erhält sowohl nach oben als nach unten die gleiche Kraft $\beta r \cos\alpha' + (p+r) r \cos^2\alpha' - r^2 \cos^3\alpha' - \frac{Q'}{\sin\alpha'}$. Die letzte zuerst betrachtet, führt in die Grundgleichung auſser $\frac{Q'}{\sin\alpha'}$ für das ursprüngliche $\frac{\frac{1}{2}S}{\sin\alpha_1}$, welches immer die erste Tangentialkraft bezeichnet, noch die so eben gefundene Gröſse ein; hiermit erhält man die übrigen Normalkräfte N' unterhalb α' aus

$$N' = dQ \cos\alpha - \left(\int_{\alpha'}^{\alpha} dQ \sin\alpha\right) d\alpha$$
$$- \frac{Q'}{\sin\alpha'} d\alpha - \left(\beta r \cos\alpha' + (p+r) r \cos^2\alpha' - r^2 \cos^3\alpha' - \frac{Q'}{\sin\alpha'}\right) d\alpha,$$

oder nach Substitution der frühern Werthe aus

$$N' = 2\beta r (\cos\alpha - \cos\alpha') d\alpha + \tfrac{3}{2}(p+r) r (\cos^2\alpha - \cos^2\alpha') d\alpha$$
$$- \tfrac{4}{3} r^2 (\cos^3\alpha - \cos^3\alpha') d\alpha.$$

Die Bedingungsgleichung zur Bestimmung von α' giebt aber

$$2\beta r \cos\alpha' + \tfrac{3}{2}(p+r). r \cos^2\alpha' - \tfrac{4}{3} r^2 \cos^3\alpha' = 2\beta r + \tfrac{3}{2} p r + \tfrac{1}{6} r^2,$$

und mit Berücksichtigung dieses Werthes ergiebt sich

$$N' = [2\beta r\cos\alpha + \tfrac{3}{2}(p+r)\cos^2\alpha - \tfrac{4}{3}r^2\cos^3\alpha - 2\beta r - \tfrac{3}{2}pr - \tfrac{1}{6}r^2]d\alpha.$$

Dies ist grade die Gleichung, wie sie auch oben gefunden wurde. Wollte man hiernach die nach oben zerlegte Kraft weiter verfolgen, so würde man finden, dafs sie unter der Form derselben Normalkräfte im Bogen hervortritt, als wir sie früher gefunden haben; man kann sich hiervon auch umgekehrt überzeugen, worauf wir später nach Angaben der Spannungen von selbst zurückkommen. — Die vorstehende Untersuchung beweiset nun, dafs auch in dem Falle, wo die Normalkräfte von aufsen nach innen auf den Bogen wirken, die allgemeinen Formeln ihre Gültigkeit durchgehend behalten, nur mufs man, wenn andere Betrachtungen sich daran knüpfen, wie die Frage nach der Gröfse des zu den Fugen normalen Drucks, nach dem Ausgleiten des Bogens, dem Umsturz der Widerlage und dergleichen, das obere Gewölbstück bis α' als unverrückbare Masse behandeln und demnach erst unter ihm das Ausweichen des Bogens beginnen lassen.

Die Spannung im Bogen folgt aus

$$T_{(\alpha)} = \frac{1}{\cos\alpha}\left\{(b+p)r + \int_0^\alpha N\sin\alpha\right\};$$

substituirt man hierin für $\int N\sin\alpha$ seinen Werth $-\beta r\cos^2\alpha - \tfrac{1}{2}(p+r)r\cos^3\alpha + \tfrac{1}{3}r^2\cos^4\alpha + 2\beta r\cos\alpha + \tfrac{3}{2}pr\cos\alpha + \tfrac{1}{6}r^2\cos\alpha - \beta r - pr$; so folgt

$$T_{(\alpha)} = \beta r(2-\cos\alpha) + pr(\tfrac{3}{2} - \tfrac{1}{2}\cos^2\alpha) + r^2(\tfrac{1}{6} - \tfrac{1}{2}\cos^2\alpha + \tfrac{1}{3}\cos^3\alpha),$$

also bei $\alpha = 90^0$

$$T = 2\beta r + \tfrac{3}{2}pr + \tfrac{1}{6}r^2,$$

und bei $\alpha = \alpha'$

$$T_{(\alpha')} = \beta r(2-\cos\alpha') + pr(\tfrac{3}{2} - \tfrac{1}{2}\cos^2\alpha') + r^2(\tfrac{1}{6} - \tfrac{1}{2}\cos^2\alpha' + \tfrac{1}{3}\cos^3\alpha'),$$

oder da $2\beta r + \tfrac{3}{2}pr + \tfrac{1}{6}r^2$ den Werth $2\beta r\cos\alpha' + \tfrac{3}{2}(p+r)r\cos^2\alpha' - \tfrac{4}{3}r^2\cos^3\alpha'$ hat, auch

$$T_{(\alpha')} = \beta r\cos\alpha' + (p+r)r\cos^2\alpha' - r^2\cos^3\alpha'.$$

Die so eben gefundene Spannung bietet das Mittel dar, den totalen Normaldruck gegen die Fugen und damit die erforderliche Dicke des Bogens zu finden, der diesem Drucke gehörigen Widerstand zu leisten vermag. In der Fuge α beträgt nämlich die Spannung $T_{(\alpha)}$ und diese übt einen ihr gleichen Druck aus; dazu kommt erstens von den Normalkräften zwischen α' und α der vertikal nach unten gehende Druck $\int_{\alpha'}^{\alpha} N\cos\alpha$ und der horizontale nach aufsen gehende $= -\int_{\alpha'}^{\alpha} N\sin\alpha$, die wegen der Beweglichkeit der Steine beide senkrecht gegen die Fuge und parallel zu ihr gelegt werden, und somit den Normaldruck $\left(\int_{\alpha'}^{\alpha} N\cos\alpha\right)\sin\alpha - \left(\int_{\alpha'}^{\alpha} N\sin\alpha\right)\cos\alpha$ geben; zweitens entsteht von den Normalkräften am obern Bogen bis α' der vertikale Druck $\int_{0}^{\alpha'} N\cos\alpha$ und der horizontale nach innen $= \int_{0}^{\alpha'} N\sin\alpha$, der letztere zerstört sich wegen der Unbeweglichkeit des Bogens, der andere mufs um eben dieses Grundes willen senkrecht gegen die Fuge und horizontal gelegt werden; so giebt er den Normaldruck auf die Fuge $\alpha' = \frac{1}{\sin\alpha'}\int_{0}^{\alpha'} N\cos\alpha$ und auf die Fuge α übertragen die beiden Glieder

$$\left[\frac{1}{\sin\alpha'}\int_{0}^{\alpha'} N\cos\alpha\right]\sin\alpha'\sin\alpha \quad \text{und}$$

$$\left[\frac{1}{\sin\alpha'}\int_{0}^{\alpha'} N\cos\alpha\right]\cos\alpha'\cos\alpha.$$

Hiernach stellt sich der gesammte Druck auf die Fuge α

$$= T_{(\alpha)} + \left(\int_{\alpha'}^{\alpha} N\cos\alpha\right)\sin\alpha - \left(\int_{\alpha'}^{\alpha} N\sin\alpha\right)\cos\alpha$$

$$+ \left(\int_{0}^{\alpha'} N\cos\alpha\right)\sin\alpha + \left(\int_{0}^{\alpha'} N\cos\alpha\right)\operatorname{ctg}\alpha'\cos\alpha \quad \text{oder}$$

$$= T_{(\alpha)} + \left(\int_{0}^{\alpha} N\cos\alpha\right)\sin\alpha - \left(\int_{\alpha'}^{\alpha} N\sin\alpha\right)\cos\alpha$$

$$+ \left(\int_{0}^{\alpha'} N\cos\alpha\right)\operatorname{ctg}\alpha'\cos\alpha.$$ Nun ist

$$T_{(\alpha)} = \beta r(2-\cos\alpha)+(p+r)r(\tfrac{3}{2}-\tfrac{1}{2}\cos^2\alpha)-r^2(\tfrac{4}{3}-\tfrac{1}{3}\cos^3\alpha),$$

$$\left(\int_0^\alpha N\cos\alpha\right)\sin\alpha$$

$$= \beta r\cos\alpha\sin^2\alpha+\beta r\alpha\sin\alpha+\tfrac{1}{2}(p+r)r\sin^2\alpha\cos^2\alpha+(p+r)r\sin^2\alpha$$
$$-\tfrac{1}{3}r^2\sin^2\alpha\cos^3\alpha-\tfrac{1}{2}r^2\sin^2\alpha\cos\alpha-\tfrac{1}{2}r^2\alpha\sin\alpha-2\beta r\sin^2\alpha$$
$$-\tfrac{3}{2}(p+r)r\sin^2\alpha+\tfrac{4}{3}r^2\sin^2\alpha,$$

$$-\left(\int_{\alpha'}^\alpha N\sin\alpha\right)\cos\alpha$$

$$= \beta r\cos^3\alpha+\tfrac{1}{2}(p+r)r\cos^4\alpha-\tfrac{1}{3}r^2\cos^5\alpha-2\beta r\cos^2\alpha$$
$$-\tfrac{3}{2}(p+r)r\cos^2\alpha+\tfrac{4}{3}r^2\cos^2\alpha-\beta r\cos^2\alpha'\cos\alpha$$
$$-\tfrac{1}{2}(p+r)r\cos^3\alpha'\cos\alpha+\tfrac{1}{3}r^2\cos^4\alpha'\cos\alpha+2\beta r\cos\alpha'\cos\alpha$$
$$+\tfrac{3}{2}(p+r)r\cos\alpha'\cos\alpha-\tfrac{4}{3}r^2\cos\alpha'\cos\alpha \quad \text{und}$$

$$\left(\int_\alpha^{\alpha'} N\cos\alpha\right)\operatorname{ctg}\alpha'\cos\alpha$$

$$= \beta r\cos^2\alpha'\cos\alpha+\beta r\alpha'\operatorname{ctg}\alpha'\cos\alpha+\tfrac{1}{2}(p+r)r\cos^3\alpha'\cos\alpha$$
$$+(p+r)r\cos\alpha'\cos\alpha-\tfrac{1}{3}r^2\cos^4\alpha'\cos\alpha-\tfrac{1}{2}r^2\cos^2\alpha'\cos\alpha$$
$$-\tfrac{1}{2}r^2\alpha'\operatorname{ctg}\alpha'\cos\alpha-2\beta r\cos\alpha'\cos\alpha-\tfrac{3}{2}(p+r)r\cos\alpha'\cos\alpha$$
$$+\tfrac{4}{3}r^2\cos\alpha'\cos\alpha.$$

Nimmt man diese Werthe zusammen, so bekommt man den Normaldruck $= [\beta r\alpha+(p+r)r\sin\alpha-\frac{1}{2}r^2\sin\alpha\cos\alpha-\frac{1}{2}r^2\alpha]\sin\alpha$ $+[\beta r\alpha'+(p+r)r\sin\alpha'-\frac{1}{2}r^2\sin\alpha'\cos\alpha'-\frac{1}{2}r^2\alpha']\operatorname{ctg}\alpha'\cos\alpha$ oder, wenn man das gesammte Mauerwerk vom Scheitel ab bis zur Mitte der Fuge α mit Q und bis zur Mitte der Fuge α' wie vorhin mit Q' bezeichnet,

der Normaldruck $= Q\sin\alpha+Q'\operatorname{ctg}\alpha'\cos\alpha$.

Bei $\alpha = 90^\circ$ ist der Werth $= Q$, bei $\alpha = \alpha'$, $= \dfrac{Q'}{\sin\alpha'}$ und bei $\alpha = \alpha''$, wo α'' innerhalb 0 und α' liegt, $= \dfrac{Q''}{\sin\alpha''}$, indem auch hier $Q'\operatorname{ctg}\alpha'$ sich in $Q''\operatorname{ctg}\alpha''$ verändern mufs. — Die vorstehende Formel läfst sich allgemein nur auf ganze halbe Kreisbogen anwenden, da $Q'\operatorname{ctg}\alpha'\cos\alpha$ allein bei speciellen Angaben berechnet werden kann. Um eine Uebersicht über den ersten Fall darzubieten, will ich $p = \beta+2$ setzen, da, wenn die Maafse in rheinl. Fufsen genommen werden, eine zwei Fuſs dicke Stirnmauer über dem Scheitel des Gewölbes etwa den Verhältnissen bei Brückenbauten entsprechen mag, wo die Rücksicht auf die Bedeckung des Bogens und auf eine zufällige Belastung eine solche Annahme erfordern möchte. Ich setze übrigens zum Drucke noch $\beta(p+r)$ hinzu, als den Theil des Mauerwerks, der auf der äuſsern Hälfte des Bogens lastet, um den Druck auf der ganzen Fuge zu erhalten. Ist jetzt $b = 2\beta$ gleich der Dicke des Bogens, so darf nach den frühern Angaben höchstens

$$66g\left(\frac{br.\frac{\pi}{4}+(p+r)r-\frac{1}{2}r^2\frac{\pi}{2}+\frac{b}{2}(p+r)}{b}\right) = D$$

sein, also mit Uebergehung von $\frac{b^2}{4}$

$$\text{für Ziegelsteine } b = \frac{(2+0{,}2146r)r}{72{,}6-1{,}7854r},$$

$$\text{und für Sandsteine } b = \frac{(2+0{,}2146r)r}{142{,}5-1{,}7854r}.$$

Die Berechnung dieser Formel giebt bei angenommenen r folgende Werthe.

r	Ziegelsteine. b	Sandsteine. b
5	0,24 rh. Fuſs	0,11 rh. Fuſs
10	0,76 - -	0,33 - -
15	1,71 - -	0,68 - -
20	3,41 - -	1,18 - -
25	6,58 - -	1,88 - -
30	—	2,85 - -
35	—	4,16 - -
40	—	5,96 - -

§. 30.

Das Ausgleiten eines mit einer Stirnmauer versehenen kreisförmigen Gewölbes.

Wenn die Stirnmauer gehörig in sich verbunden ist, so kann bei diesem Gewölbe kaum ein Ausgleiten desselben durch Drehung angenommen werden; ich betrachte daher nur sein Ausgleiten bei unveränderter Fugenrichtung und nehme zu gleicher Zeit noch an, dafs das Ausgleiten in einer horizontalen Fuge der Stirnmauer erfolgt, wodurch in gewissem Sinne diese Untersuchung mit der andern über die Stärke der Widerlage gegen das Ausgleiten zusammenfällt, da nur die Höhe der letztern $k = 0$ angenommen wird. Es gehe also der Gewölbbogen vom mittlern Radius r bis auf die Fuge BD zum Winkel α (Fig. 18.), und die Horizontalfuge DV, wofür wir der Bequemlichkeit wegen $B'W$ setzen wollen, könne sammt Stirnmauer gleiten, so treiben die horizontal zerlegten Normalkräfte sammt der Spannung $T_{(\alpha)} \cos\alpha$ nach aufsen, Widerstand leistet die Reibung in WB', die durch das Gewicht der Stirnmauer $HWB'U$, durch $T_{(\alpha)} \sin\alpha$ und durch die vertikal zerlegten Normalkräfte hervorgebracht wird. Wir haben aber $HWB'U = (w - \beta) B'U = (w - \beta)(p + H)$, indem die schräge Linie $B'D = \beta$ auch hier zum Maafse der horizontalen Länge genommen wird, ferner

$$T_{(\alpha)} \sin\alpha = \beta r (2 - \cos\alpha) \sin\alpha + pr(\tfrac{3}{2} - \tfrac{1}{2}\cos^2\alpha) \sin\alpha + r^2(\tfrac{1}{6} - \tfrac{1}{2}\cos^2\alpha + \tfrac{1}{3}\cos^3\alpha) \sin\alpha$$

und

$$\int_0^\alpha N \cos\alpha$$

$$= \beta r \sin\alpha \cos\alpha + \beta r \alpha + \tfrac{1}{2}(p + r) r \sin\alpha \cos^2\alpha + (p + r) r \sin\alpha - \tfrac{1}{3} r^2 \sin\alpha \cos^3\alpha - \tfrac{1}{2} r^2 \sin\alpha \cos\alpha - \tfrac{1}{2} r^2 \alpha - 2\beta r \sin\alpha - \tfrac{3}{2} pr \sin\alpha - \tfrac{1}{6} r^2 \sin\alpha,$$

demnach

$$T_{(\alpha)} \sin\alpha + \int_0^\alpha N \cos\alpha$$

$$= \beta r \alpha + (p + r) r \sin\alpha - \tfrac{1}{2} r^2 \sin\alpha \cos\alpha - \tfrac{1}{2} r^2 \alpha = Q.$$

Von den horizontal zerlegten Normalkräften treiben nur die mit negativen Zeichen, also von $\alpha = \alpha'$ bis $\alpha = \alpha$ nach außsen, weshalb auch bei der Fuge α' noch ein anderer Rifs vorhanden sein mufs; die andern heben sich gegenseitig auf, doch entsteht nach dem Obigen in der Fuge α' selbst von den nach unten wirkenden Normalkräften $= \int_0^{\alpha'} N \cos\alpha$ ein horizontaler Druck nach aufsen $= \left(\int_0^{\alpha'} N \cos\alpha\right) \operatorname{ctg}\alpha'$; hiermit stellt sich die ganze horizontale Kraft

$$= T_{(\alpha)} \cos\alpha - \int_{\alpha'}^{\alpha} N \sin\alpha + \left(\int_0^{\alpha'} N \cos\alpha\right) \operatorname{ctg}\alpha'.$$

Da nun

$$T_{(\alpha)} \cos\alpha = \beta r (2 - \cos\alpha) \cos\alpha + pr \left(\tfrac{3}{2} - \tfrac{1}{2} \cos^2\alpha\right) \cos\alpha$$
$$+ r^2 \left(\tfrac{1}{6} - \tfrac{1}{2} \cos^2\alpha + \tfrac{1}{3} \cos^3\alpha\right) \cos\alpha,$$

$$- \int_{\alpha'}^{\alpha} N \sin\alpha$$

$$= \beta r \cos^2\alpha + \tfrac{1}{2} (p+r) r \cos^3\alpha - \tfrac{1}{3} r^2 \cos^4\alpha - 2\beta r \cos\alpha - \tfrac{3}{2} pr \cos\alpha$$
$$- \tfrac{1}{6} r^2 \cos\alpha - \beta r \cos^2\alpha' - \tfrac{1}{2} (p+r) r \cos^3\alpha' + \tfrac{1}{3} r^2 \cos^4\alpha'$$
$$+ 2\beta r \cos\alpha' + \tfrac{3}{2} pr \cos\alpha' + \tfrac{1}{6} r^2 \cos\alpha'$$

und

$$\left(\int_0^{\alpha'} N \cos\alpha\right) \operatorname{ctg}\alpha'$$

$$= \beta r \cos^2\alpha' + \beta r \alpha' \operatorname{ctg}\alpha' + \tfrac{1}{2} (p+r) r \cos^3\alpha' + (p+r) r \cos\alpha'$$
$$- \tfrac{1}{3} r^2 \cos^4\alpha' - \tfrac{1}{2} r^2 \cos^2\alpha' - \tfrac{1}{2} r^2 \cos^2\alpha' - \tfrac{1}{2} r^2 \alpha' \operatorname{ctg}\alpha'$$
$$- 2\beta r \cos\alpha' - \tfrac{3}{2} pr \cos\alpha' + \tfrac{4}{3} r^2 \cos\alpha',$$

so ist der horizontale Zug überhaupt

$$= \left(\beta r \alpha' + (p+r) r \sin\alpha' - \tfrac{1}{2} r^2 \sin\alpha' \cos\alpha' - \tfrac{1}{2} r^2 \alpha'\right) \operatorname{ctg}\alpha' = Q' \operatorname{ctg}\alpha'.$$

Stellt man die Resultate zusammen, so erhält man gegen das Ausgleiten auf horizontaler Fuge die Bedingung

$$\mu \left[\left(w - \frac{b}{2}\right)(p+H) + Q\right] > Q' \operatorname{ctg}\alpha'$$

oder

$$\mu > \frac{Q' \operatorname{ctg}\alpha'}{\left(w - \frac{b}{2}\right)(p+H) + Q}.$$

Ich will hier nur den Bogen von $\alpha = 90^0$ betrachten, und die übrigen Fälle dem folgenden §. überlassen. Bei $r = 10$, $\beta = \frac{b}{2} = 1$, $p = 3$, findet man $Q = 68{,}1682$, $\cos\alpha'$ unmöglich, also $\alpha' = 0$ und $Q' \operatorname{ctg}\alpha' = (p+\beta)r = 40$, demnach mufs

1) bei $w = 2$, $\mu > 0{,}493$,
2) bei $w = 3$, $\mu > 0{,}424$,
3) bei $w = 4$, $\mu > 0{,}373$

sein. — Bei $r = 20$, $\beta = 1$, $p = 3$ ist $Q = 177{,}2568$, $\cos\alpha' = 0{,}771633$, $\alpha' = 39^0\,30'$, $Q' \operatorname{ctg}\alpha' = 85{,}3295$, also

1) bei $w = 2$, $\mu > 0{,}426$,
2) bei $w = 3$, $\mu > 0{,}382$,
3) bei $w = 4$, $\mu > 0{,}346$.

Nach diesen Resultaten vermindert sich die Gefahr des Ausgleitens bei gröfseren Bogen, offenbar wegen ihrer bedeutenderen Schwere.

§. 31.

Die Stärke der Widerlage bei einem mit einer Stirnmauer versehenen kreisförmigen Gewölbbogen.

Im vorigen §. haben wir schon die sämmtlichen Kräfte in Untersuchung gezogen, welche

I. das Ausgleiten des hier betrachteten Bogens bedingen; nehmen wir dazu nur noch die Reibung, welche aus der Schwere der Widerlage von einer Höhe $= k$ entsteht, so erhalten wir unmittelbar

$$\mu[wk+(w-\beta)(p+H)+Q] = Q' \operatorname{ctg}\alpha'$$

und

$$w = \frac{Q' \operatorname{ctg}\alpha' + \mu\beta(p+H) - \mu Q}{\mu(k+p+H)},$$

also bei $k = 0$

$$w = \frac{Q' \operatorname{ctg}\alpha' + \mu\beta(p+H) - \mu Q}{\mu(p+H)}.$$

Um einige Beispiele zu geben, sei $\alpha = 90^0$, $\mu = \frac{1}{2}$, dann wird

1) bei $r = 10$, $\beta = 1$, $p = 3$ für $k = 0$, $w = 1{,}910$,
- $k = 10$, $w = 1{,}080$;

2) bei $r = 20$, $\beta = 1$, $p = 3$ für $k = 0$, $w = 0{,}713$,
- $k = 10$, $w = 0{,}497$.

Zweitens sei $\alpha = 60^0$, $\mu = \frac{1}{2}$, so ist

1) bei $r = 10$, $\beta = 1$, $p = 3$, $Q = 49{,}0448$, $Q' \operatorname{ctg} \alpha' = 40$
und für $k = 0$, $w = 4{,}869$,
- - $k = 10$, $w = 2{,}164$;

2) bei $r = 20$, $\beta = 1$, $p = 3$, $Q = 123{,}2738$, $Q' \operatorname{ctg} \alpha' = 85{,}3295$ und für $k = 0$, $w = 4{,}660$,
- - $k = 10$, $w = 2{,}634$;

3) bei $r = 40$, $\beta = 2$, $p = 4$, $Q = 389{,}1712$, $\alpha' = 46^0\,21'$, $Q' \operatorname{ctg} \alpha' = 250{,}4442$
und für $k = 0$, $w = 3{,}429$,
- - $k = 10$, $w = 2{,}389$.

Nach diesen Resultaten ist das Bestreben des Bogens zum Ausgleiten nicht beträchtlich, es wird erst stärker, wenn für α ein kleinerer Werth, innerhalb 0 und α' angenommen wird.

II. Die Stärke der Widerlage, welche den Umsturz derselben verhindert, hängt von folgenden Momenten ab. Die Widerlage wk wirkt am Hebelarm $\frac{w}{2}$ nach innen, der Theil der Stirnmauer $(w-\beta)(H+p)$ wirkt gleichfalls nach innen am Hebel $\frac{w-\beta}{2}$, dasselbe ist der Fall mit der Spannung $T_{(\alpha)} \sin \alpha$ am Hebel $w-\beta$. Nach aufsen treiben den Bogen erstens die horizontal zerlegte Endspannung $T_{(\alpha)} \cos \alpha$ am Hebel k, zweitens die Normalkräfte von $\alpha = \alpha'$ bis $\alpha = \alpha$, und zwar horizontal zerlegt am Hebel $k+H-r+r\cos\alpha$, vertikal zerfällt am Hebel $w-\beta+G-r\sin\alpha$. Die Normalkräfte des obern Bogens von $\alpha = 0$ bis $\alpha = \alpha'$ geben ferner nach dem vorigen §. ein Moment $\left(\int_0^{\alpha} N \cos\alpha\right) \operatorname{ctg}\alpha'(k+H-r+r\cos\alpha')$

nach aufsen und ein Moment $\left(\int_0^{\alpha'} N\cos\alpha\right)(w - \beta + G - r\sin\alpha')$ nach innen, endlich mufs noch die Spannung in der Fuge α' also $T_{(\alpha')}$ am Hebel $= \beta$ überwunden werden. Alle Momente zusammengefafst geben die Gleichung

$$wk\frac{w}{2} + (H+p)(w-\beta)\frac{w-\beta}{2} + T_{(\alpha')}\beta + T_{(\alpha)}\sin\alpha\,(w-\beta)$$
$$+\left(\int_0^{\alpha'} N\cos\alpha\right)(w-\beta+G-r\sin\alpha')$$
$$= T_{(\alpha)}\cos\alpha.k - \left(\int_{\alpha'}^{\alpha} N\sin\alpha\right)(k+H-r+r\cos\alpha)$$
$$-\left(\int_{\alpha'}^{\alpha} N\cos\alpha\right)(w-\beta+G-r\sin\alpha)$$
$$+\left(\int_0^{\alpha'} N\cos\alpha\right)\operatorname{ctg}\alpha'(k+H-r+r\cos\alpha').$$

Nach den vorhergehenden §§. ist aber

$$\int_0^{\alpha'} N\cos\alpha = Q' - T_{(\alpha')}\sin\alpha',$$
$$-\int_{\alpha'}^{\alpha} N\sin\alpha = T_{(\alpha')}\cos\alpha' - T_{(\alpha)}\cos\alpha,$$
$$-\int_{\alpha'}^{\alpha} N\cos\alpha = T_{(\alpha)}\sin\alpha - Q + Q' - T_{(\alpha')}\sin\alpha',$$

und $$-\int_0^{\alpha'} N\cos\alpha\operatorname{ctg}\alpha' = Q'\operatorname{ctg}\alpha' - T_{(\alpha')}\cos\alpha';$$

substituirt man diese Werthe in die vorliegende Gleichung, so geht sie über in

$$wk.\frac{w}{2} + (H+p)(w-\beta)\frac{w-\beta}{2} + T_{(\alpha')}\beta + T_{(\alpha)}\sin\alpha\,(w-\beta)$$
$$+(Q' - T_{(\alpha')}\sin\alpha')(w-\beta+G-r\sin\alpha')$$
$$= T_{(\alpha)}\cos\alpha.k + (T_{(\alpha')}\cos\alpha' - T_{(\alpha)}\cos\alpha)(k+H-r)$$
$$+(T_{(\alpha)}\sin\alpha - Q + Q' - T_{(\alpha')}\sin\alpha')(w-\beta+G)$$
$$+(Q'\operatorname{ctg}\alpha' - T_{(\alpha')}\cos\alpha')(k+H-r+r\cos\alpha'),$$

oder nach den erforderlichen Reduktionen in

$$wk.\frac{w}{2} + (H+p)(w-\beta)\frac{w-\beta}{2} + T_{(\alpha')}\beta + Q(w-\beta) + QG$$
$$= Q'\operatorname{ctg}\alpha'.k - (r-H)Q'\operatorname{ctg}\alpha' + \left(\frac{Q'}{\sin\alpha'} + T_{(\alpha)} - T_{(\alpha')}\right)r,$$

woraus w berechnet werden kann. Zur Uebersicht über die Resultate aus dieser Formel wähle ich die obigen Beispiele. Setzt man 1) $r = 10$, $\beta = 1$, $p = 3$, $k = 10$, $\alpha = 90^\circ$, so findet man aufser den schon angegebenen Werthen $T_{(\alpha')} = 40$, $\frac{Q'}{\sin\alpha'} = 40$, $T_{(\alpha)} = 81\frac{2}{3}$ und

$$w = -2{,}3986 + \sqrt{53{,}2884} = 4{,}900.$$

2) $r = 20$, $\beta = 1$, $p = 3$, $k = 10$, $\alpha = 90^\circ$, so wird $T_{(\alpha)} = 196\frac{2}{3}$, $T_{(\alpha')} = 105{,}5473$, $\frac{Q'}{\sin\alpha'} = 110{,}583$ und

$$w = -4{,}6745 + \sqrt{106{,}6662} = 5{,}654.$$

3) Ist $r = 10$, $\beta = 1$, $p = 3$, $k = 10$, $\alpha = 60^\circ$, so wird $T_{(\alpha)} = 64{,}5825$ und

$$w = -2{,}2803 + \sqrt{52{,}7192} = 4{,}980.$$

4) Bei $r = 20$, $\beta = 1$, $p = 3$, $k = 10$, $\alpha = 60^\circ$ ist $T_{(\alpha)} = 145{,}3333$ und

$$w = -4{,}7945 + \sqrt{108{,}0696} = 5{,}600.$$

Die Stärke der Widerlage ist hiernach unter den angenommenen Verhältnissen noch etwas geringer, als beim freien kreisförmigen Bogen, und es scheinen auch die übrigen dort angeführten Schlüsse hier ihre Gültigkeit zu behalten.

III. Abschnitt.

Statik des Spitzbogens.

§. 32.

Die Vertheilung der Kräfte auf einem freien Spitzbogen.

Nach diesen Untersuchungen über die kreisförmigen oder überhaupt über die im Scheitel stetig gekrümmten Bogen wende ich mich zu dem Spitzbogen, dessen Behandlung wieder besondere Rücksichten erfordert. Der Spitzbogen, denkt man ihn zunächst ohne Dicke, wird durch zwei Kreisbogen gebildet, die oben in der Spitze unter irgend einem Winkel von bestimmter d. h. mefsbarer Gröfse zusammenstofsen; so zeigt Fig. 19. die beiden Bogen $A'C'$ und $C'B'$, die mit den Radien $C'O$ und $C'O' = r$ aus O und O' beschrieben oben unter dem Winkel C' an einander kommen. Man mifst C' am besten nach der bisherigen Weise durch den Winkel, welchen $C'O$ in O mit der Vertikalen OG einschliefst; setzt man ihn $= \alpha_1$, so ist $C' = 2\alpha_1$, und würde $= 0$, wenn $\alpha_1 = 0$ genommen würde, wo dann der Spitzbogen wieder in einen Kreis überginge. — Ertheilt man hierauf dem Spitzbogen eine beliebige Dicke z. B. $= b$ und nimmt sie auf beiden Seiten der Mittellinie $A'C'$, $C'B'$ gleichmäfsig vertheilt an, so entsteht bei der Spitze C' allein eine Schwierigkeit, weil der obere Theil des Bogens über den Radius $C'O$ hinausgeht; allein der untere Theil bleibt von seiner Seite etwa um eben so viel zurück, und so kann es wohl zur Vermeidung unnützer Weitläuftigkeiten erlaubt sein, auch hier die ganze Masse des Bogens in die Mittellinie zu versetzen und ihre Schwere durchgängig mit der Länge proportional zu betrachten. Unter dieser Voraussetzung findet man die auf einen Spitzbogen einwirkenden Normalkräfte nach §. 15. aus der allgemeinen Gleichung

$$N = dQ \cos\alpha - (\int dQ \sin\alpha)\, d\alpha - \frac{\frac{1}{2}S}{\sin\alpha_1}\, d\alpha.$$

In dieser Gleichung hat man $dQ = brd\alpha$, das Integral liegt zwischen den Grenzen $\alpha = \alpha_1$ und $\alpha = \alpha$, und das Glied $\frac{\frac{1}{2}S}{\sin\alpha_1}\, d\alpha$ verschwindet als eine unendlich kleine Gröfse zweiter Ordnung; denn da $\frac{1}{2}S$ das halbe oberste Element des Bogens, also wie immer eine unendlich kleine Gröfse erster Ordnung bezeichnet, die ihren Werth durch die Division mit $\sin\alpha_1$ einer beim Spitzbogen endlichen Gröfse nicht verliert, so giebt die Multiplikation mit $d\alpha$ eine unendlich kleine Gröfse zweiter Ordnung, die eben gegen die übrigen Glieder vernachläfsigt werden mufs. Die Substitution der vorher genannten Werthe giebt nun bei $\int_{\alpha_1}^{\alpha} br \sin \alpha d\alpha = br(\cos\alpha_1 - \cos\alpha)$

$$N = br(2\cos\alpha - \cos\alpha_1)\, d\alpha.$$

Wie man sogleich sieht, wirken die Normalkräfte ähnlich wie in §. 29. wegen ihres positiven Zeichens anfänglich von aufsen nach innen auf den Bogen und erlangen ihre Umänderung erst bei $2\cos\alpha = \cos\alpha_1$, also in der Fuge α', die man durch $\cos\alpha' = \frac{1}{2}\cos\alpha_1$ bestimmt. Der obere Theil des Spitzbogens wird durch die Normalkräfte zusammengehalten und es mufs demnach eine ähnliche Behandlungsweise wie bei einem mit einer Stirnmauer bekleiteten Kreisbogen eintreten; indefs findet sich hier noch der Uebelstand ein, dafs die Normalkräfte grade im Scheitel ihren gröfsten positiven Werth $= br\cos\alpha_1 d\alpha$ besitzen, ein Umstand, der eine weitere Ueberlegung erfordert. Betrachtet man nämlich das nächste Element nach dem obersten in einer Ausdehnung $= r d\alpha$, so giebt seine Normalkraft $br\cos\alpha_1 d\alpha$ nach beiden Seiten auf den Bogen zerfällt einen Seitendruck $= br\cos\alpha_1$, wenn man die Reibung vernachläfsigt; diese Reibung ist, so lange der Schlufsstein wirklich ein Element bildet, nur unbedeutend, somit bleibt sicher ein Theil dieser Kraft übrig und übt senkrecht nach oben, von $C'K$ nach $C'L$ zerlegt oder mit $\sin\alpha_1$ multiplicirt, einen hinreichenden Druck aus, um den obersten Stein zu heben und den Einsturz des Bogens zu veranlassen. Diesem Uebelstande kann allein entgegengewirkt werden, wenn der Schlufsstein selbst eine gewisse Schwere besitzt oder eine gewisse Ausdehnung ohne alle Fugen; unter dieser Voraussetzung veranlafst er einen Druck, der die Wirkung der Normalkräfte unschädlich machen kann. Soviel steht also vor allem fest, dafs bei jedem Spitzbogen der Schlufsstein eine bestimmte Gröfse haben müsse; allein es frägt sich nun weiter, ob man ihn so weit ausdehnen könne, dafs es möglich wird die ganzen Normalkräfte auf den Bogen zu zerfällen d. h. oben im Scheitel die Reibung ganz unbeachtet zu lassen, oder ob man nur einen Theil der Normalkräfte fortzubringen vermöge, oder endlich ob die Annahme der Normalkräfte, wie sie die obige Formel giebt, bei gewissen Arten von Spitzbogen ganz zulässig befunden werde. Wir wollen zunächst den ersten Fall näher erwägen. Gesetzt also der Schlufsstein gehe von α_1 bis α'', so hat er ein Gewicht, das durch $br(\alpha''-\alpha_1)$ angegeben wird; die Normalkraft des Steins $brd\alpha$ in der Fuge α'' beträgt $br(2\cos\alpha''-\cos\alpha_1)d\alpha$ und giebt senkrecht nach oben bei Uebergehung der Reibung einen Druck

$$= br(2\cos\alpha''-\cos\alpha_1)\sin\alpha'';$$

diesem Drucke mufs der Stein widerstehen, also folgt α'' aus

$$(2\cos\alpha''-\cos\alpha_1)\sin\alpha'' = \alpha''-\alpha_1.$$

Hat man einen passenden Winkel gefunden, so erhält das Glied $\frac{\frac{1}{2}S}{\sin\alpha_1}d\alpha$ in der allgemeinen Formel den Werth

$$br(2\cos\alpha''-\cos\alpha_1) = brp,$$

und die Normalkräfte folgen weiter aus

$$N = br(2\cos\alpha-\cos\alpha_1-p)\,d\alpha.$$

Man bestimme jetzt, um den Werth dieser Gleichung zu erkennen, α'' aus der angegebenen Gleichung. Setzt man $\alpha_1 = 0$, so pafst $\alpha'' = 0$, also ist $p = 1$ und $N = 2br(\cos\alpha-1)\,d\alpha$, grade wie es der Kreisbogen verlangt, in welchen der Spitzbogen jetzt übergeht. Zweitens sei $\alpha_1 = 10^\circ$, so steigt α'' schon über 30° und der Schlufsstein erhält eine Ausdehnung, die man ihm in der Praxis kaum geben kann, und die auch, wenn sie angewandt würde, einen so bedeutenden Druck von oben her auf den Stein bei α'' verursachte, dafs eben in der Wirklichkeit die Verlegung der Normalkraft nicht statt fände. Die erste Annahme fällt also in ihrer Allgemeinheit fort und wir erörtern die zweite. Dieser Fall, nämlich einen Theil der Normalkräfte zu verlegen, schliefst im Ganzen zu viel Mifsliches in sich, als dafs er wenigstens bei etwas gröfserm α_1 einer genauen Berechnung unterworfen und somit unbedingt zugelassen werden könnte; denn wollte man einen bedeutenden Theil der Normalkräfte verlegen und den Werth des Reibungscoefficienten bei der Rechnung grofs ansetzen, so könnte leicht die richtige Grenze überschritten und der Schlufsstein gehoben werden; ginge man vorsichtiger zu Werke, so dürfte wieder der Schlufsstein so schwer ausfallen, dafs in der Wirklichkeit die Normalkräfte, durch die Reibung aufgehoben, ihre Stelle behielten. Hiernach bleibt nur der dritte Fall übrig, nämlich die Gröfse des Schlufssteins zu ermitteln, bei welcher die Wirkung der Normalkräfte unschädlich bleibt und die obige Formel ihre Gültigkeit beibehält. Zu diesem Behufe gehe der Schlufsstein von α_1 bis α'' und an dem Bogen von α'' bis α' wirken die Normalkräfte nach innen. Ihre Wirkung fällt wegen der vom Scheitelstein verursachten Reibung am gröfsten aus, wenn das ganze Gewölbstück von α'' bis α' zusammenbleibt und von den Normalkräften wie ein Keil nach innen getrieben wird. Nur eine Beschränkung ist zweckmäfsig. Die Normalkräfte sind nämlich um die Fuge $\alpha' = 0$ und wachsen nach α_1 zu, sie wirken also bei α' nur schwach und der letzte Theil des Gewölbstücks zu dem andern hinzugenommen vermehrt nur die Last und die Reibung ohne hinreichende Kräfte hinzuzubringen. Aus diesem Grunde läfst man am besten den untern Theil fort, der von α''' bis α' gehe. Die Fuge α''' bestimmt man so, dafs die Normalkräfte von α''' bis α' grade hinreichen, um den vermehrten Druck durch den Bogen von α''' bis α' bei der halben Reibung zu überwinden, denn dann läfst sich im Allgemeinen wohl annehmen, dafs man an die Stelle gekommen ist, wo die Normalkräfte die ganze Reibung zu überwältigen im Stande sind. Bei den ohnedies nur ganz oberflächlichen Resultaten, die erzielt werden sollen, halte ich es für überflüssig strengere Formeln zu wählen; ich nehme daher den Druck auf die Fugen gleich der Schwere der Gewölbstücke an und denke die Normalkräfte zu einander und mit der Fuge parallel gerichtet. Nach dieser Annahme ist der Zuwachs an Druck durch den Bogentheil von α''' bis $\alpha' =$

$br(\alpha'-\alpha''')$ und verursacht eine Reibung $=\mu br(\alpha'-\alpha''')$, die zur Hälfte gerechnet durch die Normalkräfte

$$\int_{\alpha'''}^{\alpha'} br(2\cos\alpha-\cos\alpha_1)d\alpha = br[2\sin\alpha'-2\sin\alpha'''-\cos\alpha_1(\alpha'-\alpha''')]$$

überwunden werden soll; hiernach folgt α''' aus

$$br[2\sin\alpha'-2\sin\alpha'''-\cos\alpha_1(\alpha'-\alpha''')] = \tfrac{1}{2}\mu br(\alpha'-\alpha''').$$

Man setze $2\sin\alpha'-2\sin\alpha''' = 4\sin\frac{\alpha'-\alpha'''}{2}\cos\frac{\alpha'+\alpha'''}{2}$ und nehme statt des Sinus von $\frac{\alpha'-\alpha'''}{2}$ den entsprechenden Bogen, so vereinfacht sich die Gleichung in

$$\cos\frac{\alpha'+\alpha'''}{2} = \frac{\frac{1}{2}\mu+\cos\alpha_1}{2},$$

aus der α''' leicht gefunden werden kann. An dem noch übrigen Theile von α'' bis α''' wirken die Normalkräfte

$$\int_{\alpha''}^{\alpha'''} br(2\cos\alpha-\cos\alpha_1)\,d\alpha;$$

wir lassen sie auch hier parallel zu einander gerichtet sein und berechnen den Druck nach der Masse der Bogen; so ist der Druck auf die untere Fuge $= br(\alpha'''-\alpha_1)$, auf die obere $= br(\alpha''-\alpha_1)$ und die Reibung hieraus $=\mu br[\alpha''+\alpha'''-2\alpha_1]$ widersteht den Normalkräften. Aus diesen Angaben erhält man zur Berechnung von α'' die Gleichung

$$2\sin\alpha'''-2\sin\alpha''-\cos\alpha_1(\alpha'''-\alpha'') = \mu(\alpha'''+\alpha''-2\alpha_1),$$

oder wenn man dieselben Veränderungen wie vorher einführt,

$$2\cos\frac{\alpha'''+\alpha''}{2} = \mu\left(\frac{\alpha'''+\alpha''-2\alpha_1}{\alpha'''-\alpha''}\right)+\cos\alpha_1.$$

Die Resultate aus dieser Formel sind folgende: setzt man $\alpha_1=30^\circ$ und $\mu=\frac{1}{8}$, so ist $\alpha'=64^\circ\,20\frac{1}{2}'$, $\cos\frac{\alpha'+\alpha'''}{2}=0{,}51634$, also $\alpha'''=53^\circ\,29'$; dieser Werth in die zweite Gleichung substituirt giebt $\cos\frac{\alpha'''+\alpha''}{2} = \frac{1}{8}\left(\frac{\alpha''-6^\circ\,31'}{\alpha'''-\alpha''}\right)+0{,}43301$ und daraus α'' nahe $= 36^\circ$. Nach dieser Berechnung mufs der Scheitelstein eine Ausdehnung von 6° erhalten, die man ihm in den meisten Fällen leicht geben kann. Doch noch besser erkennt man den Hergang der Sache, wenn man zweitens μ etwas höher $= \frac{1}{2}$ ansetzt; man bekommt jetzt $\alpha''' = 47^\circ 50'$, wofür man 48° nehme, darauf α'' ungefähr $= 32\frac{1}{2}^\circ$, so dafs der Schlufsstein nur noch eine Ausdehnung von $2\frac{1}{2}^\circ$ zu erhalten braucht. Das letzte Beispiel zeigt am überzeugendsten, dafs in der Wirklichkeit die Normalkräfte unschädlich sind, sobald, wenigstens bei Spitzbogen von $\alpha_1 = 30^\circ$ ab, der Schlufsstein nur einen nicht zu kleinen zusammenhängenden Stein bildet, wie man ihn sicher immer anzuwenden pflegt. Das ganze Resultat dieser Untersuchung läfst sich nun darin zusammenfassen, dafs zwar die allgemeinste Formel zur Bestimmung der Normalkräfte beim Spitzbogen

$$N = br(2\cos\alpha - \cos\alpha_1 - p)\,d\alpha$$

ist, aus welcher Formel allein auch der Uebergang in den Kreisbogen hervortritt, dafs aber in allen Fällen, wo α_1 einen beträchtlichern Werth hat, sicher von $\alpha_1 = 30^\circ$ ab, dem Schlufssteine leicht eine solche Ausdehnung gegeben werden könne, wobei $p = 0$ wird, und dafs demnach für diese Gattungen von Spitzbogen die Gleichung

$$N = br(2\cos\alpha - \cos\alpha_1)\,d\alpha$$

ihre volle Gültigkeit erhält. Es könnte hiernach noch scheinen, als müfste man in den folgenden Gleichungen die allgemeinste Formel beibehalten und erst hinterher für die gewöhnlichere Anwendung $p = 0$ setzen; dies wäre in der That auch vollkommen an seiner Stelle, wenn nicht dadurch in den Resultaten zunächst der Uebergang des Spitzbogens in den Kreisbogen dargestellt würde, dessen Verhalten wir schon untersucht haben. Der jetzige Abschnitt ist aber ausschliefslich dem Spitzbogen gewidmet, also seinem ihm charakteristischen Wesen, wodurch er sich eben von allen übrigen Wölbungen unterscheidet; demnach halte ich es in der Theorie für allein angemessen, nur die letztern dem eigentlichen Spitzbogen zukommenden Formeln zu gebrauchen und es den Praktikern zu überlassen, dann, wenn der Spitzbogen an den Kreisbogen heranstreift, die frühern Resultate zu gleicher Zeit zu berücksichtigen. — Ich gebrauche also zur Bestimmung der Normalkräfte allein die Formel

$$N = br(2\cos\alpha - \cos\alpha_1)\,d\alpha,$$

und finde nun die Spannung aus

$$T_{(\alpha)} = \frac{1}{\cos\alpha}\left(\int_{\alpha_1}^{\alpha} N\sin\alpha\right),$$

da wieder das Glied $C = \frac{1}{2}S\,\mathrm{ctg}\,\alpha_1$ verschwindet. Hiernach ist

$$T_{(\alpha)} = br(\cos\alpha_1 - \cos\alpha),$$

also bei $\alpha = 90^0$

$$T = br\cos\alpha_1 = 2br\cos\alpha',$$

und bei $\alpha = \alpha'$

$$T_{(\alpha')} = br(\cos\alpha_1 - \cos\alpha') = br\cos\alpha'.$$

Den normalen Druck auf die Fugen berechnet man ferner wie in §. 29., weil gleichfalls der obere Bogentheil bis α' wegen der nach innen wirkenden Normalkräfte als ein Stück oder ein unbeweglicher Gewölbtheil angesehen werden mufs; es ergiebt sich demnach in der Fuge α, die unterhalb α' liegt, der Normaldruck

$$= T_{(\alpha)} + \left(\int_{\alpha_1}^{\alpha} N\cos\alpha\right)\sin\alpha - \left(\int_{\alpha'}^{\alpha} N\sin\alpha\right)\cos\alpha$$
$$+ \left(\int_{\alpha_1}^{\alpha'} N\cos\alpha\right)\mathrm{ctg}\,\alpha'\cos\alpha.$$

Es ist aber $T_{(\alpha)} = br(\cos\alpha_1 - \cos\alpha)$,

$$\left(\int_{\alpha_1}^{\alpha} N\cos\alpha\right)\sin\alpha = br\,(\sin\alpha\cos\alpha + (\alpha - \alpha_1) - \cos\alpha_1\sin\alpha)\sin\alpha,$$

$$-\left(\int_{\alpha'}^{\alpha} N\sin\alpha\right)\cos\alpha$$
$$= br(\cos^2\alpha - \cos\alpha_1\cos\alpha - \cos^2\alpha' + \cos\alpha_1\cos\alpha')\cos\alpha \text{ und}$$

$$\left(\int_{\alpha_1}^{\alpha'} N\cos\alpha\right)\operatorname{ctg}\alpha'\cos\alpha$$

$$= br(\sin\alpha'\cos\alpha' + (\alpha' - \alpha_1) - \cos\alpha_1\sin\alpha')\operatorname{ctg}\alpha'\cos\alpha;$$

nimmt man diese Werthe zusammen, so erhält man

den Normaldruck $= br[(\alpha - \alpha_1)\sin\alpha + (\alpha' - \alpha_1)\operatorname{ctg}\alpha'\cos\alpha]$,

oder auch, wenn man zur Uebereinstimmung mit dem Frühern den ganzen Bogen bis α mit Q und den Bogentheil bis α' mit Q' bezeichnet,

den Normaldruck $= Q\sin\alpha + Q'\operatorname{ctg}\alpha'\cos\alpha$.

Bei α kleiner als α' z. B. $= \alpha''$ verwandelt sich Q in Q'' und ebenso $Q'\operatorname{ctg}\alpha'$ in $Q''\operatorname{ctg}\alpha''$, wonach der Druck bei $\alpha'' = \frac{Q''}{\sin\alpha''}$ ist, wie es die Sätze vom Keile verlangen.

§. 33.

Das Ausgleiten eines freien Spitzbogens.

Wenn der Spitzbogen in der Fuge α ausgleiten soll, die unter α' liegen mufs, weil bis dahin jedes Ausgleiten unmöglich ist, so wirkt auf die Fuge nach normaler Richtung die Spannkraft $T_{(\alpha)}$, nach vertikaler die Normalkräfte $\int_{\alpha_1}^{\alpha} N\cos\alpha$ und nach horizontaler Richtung sowohl die Normalkräfte vom untern Bogentheil $-\int_{\alpha'}^{\alpha} N\sin\alpha$, als vom obern der Seitendruck $\left(\int_{\alpha_1}^{\alpha} N\cos\alpha\right)\operatorname{ctg}\alpha'$. Hieraus folgt der gesammte Normaldruck auf die Fuge wie vorher

$$= T_{(\alpha)} + \left(\int_{\alpha'}^{\alpha} N\cos\alpha\right)\sin\alpha - \left(\int_{\alpha'}^{\alpha} N\sin\alpha\right)\cos\alpha$$

$$+ \left(\int_{\alpha_1}^{\alpha'} N\cos\alpha\right)\operatorname{ctg}\alpha'\cos\alpha = Q\sin\alpha + Q'\operatorname{ctg}\alpha'\cos\alpha,$$

der eine Reibung $= \mu\,(Q\sin\alpha + Q'\operatorname{ctg}\alpha'\cos\alpha)$ verursacht, dann der zur Fuge parallele Zug

$$= -\left(\int_{\alpha'}^{\alpha} N \sin\alpha\right) \sin\alpha + \left(\int_{\alpha_1}^{\alpha'} N \cos\alpha\right) \operatorname{ctg}\alpha' \sin\alpha$$
$$- \left(\int_{\alpha_1}^{\alpha} N \cos\alpha\right) \cos\alpha;$$

substituirt man hierin für $-\left(\int_{\alpha'}^{\alpha} N \sin\alpha\right)$ seinen Werth $br(\cos^2\alpha - \cos\alpha_1 \cos\alpha - \cos^2\alpha' + \cos\alpha_1 \cos\alpha') \sin\alpha'$, für $\left(\int_{\alpha_1}^{\alpha'} N \cos\alpha\right) \operatorname{ctg}\alpha' \sin\alpha$ seinen Werth $br(\sin\alpha' \cos\alpha' + (\alpha' - \alpha_1) - \cos\alpha_1 \sin\alpha') \operatorname{ctg}\alpha' \sin\alpha$ und für $-\left(\int_{\alpha_1}^{\alpha} N \cos\alpha\right) \cos\alpha$ seinen Werth $br(-\sin\alpha \cos\alpha - (\alpha - \alpha_1) + \cos\alpha_1 \sin\alpha) \cos\alpha$, so stellt sich der parallele Zug $= Q' \operatorname{ctg}\alpha' \sin\alpha - Q \cos\alpha$. Unter der Wirkung dieser Kräfte mufs aber zur Sicherstellung des Bogens gegen das Ausgleiten

$$\mu > \frac{Q' \operatorname{ctg}\alpha' \sin\alpha - Q \cos\alpha}{Q \sin\alpha + Q' \operatorname{ctg}\alpha' \cos\alpha}$$

sein, also bei $\alpha = 90^0$

$$\mu > \frac{Q' \operatorname{ctg}\alpha'}{Q}.$$

Ich will mit Rücksicht auf die praktische Anwendung in allen folgenden Beispielen α stets $= 90^0$ setzen, man findet dann

1) bei $\alpha_1 = 30^0$, $\alpha' = 64^0 20\frac{1}{2}$ und $\mu > 0{,}275$,
2) bei $\alpha_1 = 35^0$, $\alpha' = 65^0 49'$ und $\mu > 0{,}252$,
3) bei $\alpha_1 = 40^0$, $\alpha' = 67^0 29'$ und $\mu > 0{,}228$,
4) bei $\alpha_1 = 45^0$, $\alpha' = 69^0 18'$ und $\mu > 0{,}204$.

Das Ausgleiten des Spitzbogens nimmt mit wachsendem Winkel α_1 d. h. unter gleicher Spannweite bei zunehmender Höhe ab; zugleich ist es viel geringer als beim Halbkreise.

§. 34.

Die Stärke der Widerlage bei einem freien Spitzbogen.

I. Das Ausgleiten der Widerlage steht unter ähnlichen Bedingungen, wie das Ausgleiten des Bogens selbst; vertikal nach unten drücken die Kräfte $T_{(\alpha)}\sin\alpha$, $\int_{\alpha_1}^{\alpha} N\cos\alpha$ und das Gewicht der Widerlage $= wk$; sie zusammen verursachen eine Reibung $= \mu\left[T_{(\alpha)}\sin\alpha + \int_{\alpha_1}^{\alpha} N\cos\alpha + wk\right]$. Nach aufsen treiben erstens die Spannung $T_{(\alpha)}\cos\alpha$, zweitens die Normalkräfte zwischen α' und α als $-\int_{\alpha'}^{\alpha} N\sin\alpha$, drittens die Seitenkraft vom obern Bogentheil $\left(\int_{\alpha_1}^{\alpha'} N\cos\alpha\right)\operatorname{ctg}\alpha'$. Soll demnach die Widerlage nicht ausgleiten, so mufs

$$\mu\left[T_{(\alpha)}\sin\alpha + \int_{\alpha_1}^{\alpha} N\cos\alpha + wk\right]$$

$$> T_{(\alpha)}\cos\alpha - \int_{\alpha'}^{\alpha} N\sin\alpha + \left(\int_{\alpha_1}^{\alpha'} N\cos\alpha\right)\operatorname{ctg}\alpha'$$

sein. Man substituire hierin für $T_{(\alpha)}\sin\alpha + \int_{\alpha_1}^{\alpha} N\cos\alpha$ seinen Werth Q und für $T_{(\alpha)}\cos\alpha - \int_{\alpha'}^{\alpha} N\sin\alpha + \left(\int_{\alpha_1}^{\alpha'} N\cos\alpha\right)\operatorname{ctg}\alpha'$ seinen Werth $Q'\operatorname{ctg}\alpha'$, so bekommt man

$$\mu(Q + wk) > Q'\operatorname{ctg}\alpha'$$

oder

$$w > \frac{Q'\operatorname{ctg}\alpha' - \mu Q}{\mu k}$$

oder auch

$$w > \frac{(\alpha' - \alpha_1)\operatorname{ctg}\alpha' - \mu(\alpha - \alpha_1)}{\mu} \cdot \frac{br}{k}.$$

Schon der vorige § zeigt, dafs μ einen unbedeutenden Werth erlangen müfste, sollte w einen positiven Werth erreichen; in der That, setzt man $\alpha_1 = 30^\circ$, also $\alpha' = 60^\circ\, 20\frac{1}{2}'$, so wird

$$w > \frac{(0{,}09165 - \frac{1}{8}\mu)\pi}{\mu} \cdot \frac{br}{k},$$

was für μ einen kleinern Werth als 0,275 bedingen würde. Der Theorie wegen füge ich hierzu noch die Werthe, welche nach §. 13. aus dem Kettenbogen unter ähnlichen Verhältnissen folgen würden. Dort war $w > \frac{b[\varrho - \mu\sqrt{(2\varrho H + H^2)}]}{\mu k}$; da der so eben betrachtete Spitzbogen bei einer halben Spannungsweite $G = 10$ den Radius $r = 20$ und $H = 17{,}32$ voraussetzt, so nehme man beim Kettenbogen G ebenfalls $= 10$ und 1) $H = 16$, so ist $\varrho = 4{,}60$ und $w > \frac{b(4{,}60 - 20{,}079\mu)}{\mu k}$,

2) $H = 18$, so ist $\varrho = 4{,}28$ und $w > \frac{b(4{,}28 - 21{,}860\mu)}{\mu k}$.

In der ersten Formel verschwindet der Zähler bei $\mu = 0{,}229$, in der andern bei $\mu = 0{,}196$, und es folgt hieraus, dafs der Spitzbogen bei gleicher Höhe und Spannweite ein noch etwas gröfseres Bestreben zum Ausgleiten hat als der Kettenbogen.

II. Auf den Umsturz der Widerlage wirken folgende Kräfte. Die Widerlage wk am Hebel $\frac{w}{2}$ treibt nach innen, die Spannung $T_{(\alpha)} \sin\alpha$ eben dahin am Hebel $w - \frac{b}{2}$, sowie auch die vertikal zerlegten Normalkräfte des obern Bogentheils $\int_{\alpha_1}^{\alpha'} N \cos\alpha$ am Hebelarm $w - \frac{b}{2} + G + r\sin\alpha_1 - r\sin\alpha'$. Nach auswärts drehen die Spannung $T_{(\alpha)} \cos\alpha$ am Hebel k, die Normalkräfte von α' bis α, nämlich horizontal zerlegt als $-\int_{\alpha'}^{\alpha} N \sin\alpha$ am Hebel $k + H - r\cos\alpha_1 + r\cos\alpha$, vertikal zerlegt als $-\int_{\alpha'}^{\alpha} N\cos\alpha$ am Hebel $w - \frac{b}{2} + G + r\sin\alpha_1 - r\sin\alpha$, dann der horizontale Seitendruck $\left(\int_{\alpha_1}^{\alpha'} N \cos\alpha\right) \operatorname{ctg}\alpha'$ am Hebei $k+H-r\cos\alpha_1+r\cos\alpha'$; endlich mufs noch die Spannung im Bogen bei α' als T am Hebel $\frac{b}{2}$ überwunden werden. Stellt man diese Momente zusammen, so folgt die Stärke der Widerlage gegen den Umsturz aus der Bedingungsgleichung

$$wk.\frac{w}{2}+T_{(\alpha)}\sin\alpha\left(w-\frac{b}{2}\right)+T_{(\alpha')}\frac{b}{2}$$
$$+\int_{\alpha_1}^{\alpha'}N\cos\alpha\left(w-\frac{b}{2}+G+r\sin\alpha_1-r\sin\alpha'\right)$$
$$=T_{(\alpha)}\cos\alpha.k-\int_{\alpha'}^{\alpha}N\sin\alpha(k+H-r\cos\alpha_1+r\cos\alpha)$$
$$-\int_{\alpha'}^{\alpha}N\cos\alpha\left(w-\frac{b}{2}+G+r\sin\alpha_1-r\sin\alpha\right)$$
$$+\int_{\alpha_1}^{\alpha'}N\cos\alpha\,\mathrm{ctg}\,\alpha'(k+H-r\cos\alpha_1+r\cos\alpha'),$$

worin sich zunächst die beiden Integrale $-\int_{\alpha'}^{\alpha}N\sin\alpha.r\cos\alpha$ und $+\int_{\alpha'}^{\alpha}N\cos\alpha.r\sin\alpha$ gegenseitig heben. Aufserdem ist

$$-\int_{\alpha'}^{\alpha}N\sin\alpha=br(\cos^2\alpha-\cos\alpha_1\cos\alpha-\cos^2\alpha'+\cos\alpha_1\cos\alpha')$$
$$=T_{(\alpha')}\cos\alpha'-T_{(\alpha)}\cos\alpha,$$
$$-\int_{\alpha'}^{\alpha}N\cos\alpha$$
$$=br(-\sin\alpha\cos\alpha+\sin\alpha'\cos\alpha'-(\alpha-\alpha')+\cos\alpha_1\sin\alpha-\cos\alpha_1\sin\alpha')$$
$$=T_{(\alpha)}\sin\alpha-T_{(\alpha')}\sin\alpha'-Q+Q'$$ und
$$\int_{\alpha_1}^{\alpha'}N\cos\alpha$$
$$=br(\sin\alpha'\cos\alpha'+(\alpha'-\alpha_1)-\cos\alpha_1\sin\alpha')=Q'-T_{(\alpha')}\sin\alpha'.$$

Bei diesen Werthen zieht sich die vorstehende Gleichung nach den erforderlichen Reduktionen in

$$wk.\frac{w}{2}+Q\left(w-\frac{b}{2}\right)+T_{(\alpha')}.\frac{b}{2}$$
$$=Q'\mathrm{ctg}\,\alpha'.k+(Q'\mathrm{ctg}\,\alpha'-T_{(\alpha)}\cos\alpha)(H-r\cos\alpha_1)$$
$$+(T_{(\alpha)}\sin\alpha-Q)(G+r\sin\alpha_1)+\left(\frac{Q'}{\sin\alpha'}-T_{(\alpha')}\right)r$$

zusammen, oder für $H - r\cos\alpha_1$ seinen Werth $-r\cos\alpha$ und für $G+r\sin\alpha_1$ seinen Werth $r\sin\alpha$ gesetzt, in

$$wk.\frac{w}{2}+Q\left(w-\frac{b}{2}\right)+T_{(\alpha')}.\frac{b}{2}$$
$$= Q'\operatorname{ctg}\alpha'.k+\left(T_{(\alpha)}-T_{(\alpha')}-Q\sin\alpha-Q'\operatorname{ctg}\alpha'\cos\alpha+\frac{Q'}{\sin\alpha'}\right)r.$$

Bei $\alpha = 90^\circ$, wo $T_{(\alpha)} = 2T_{(\alpha')}$ ist, vereinfacht sich diese Formel noch zu

$$wk.\frac{w}{2}+Q\left(w-\frac{b}{2}\right)+T_{(\alpha')}\frac{b}{2}$$
$$= Q'\operatorname{ctg}\alpha'.k+\left(T_{(\alpha')}-Q+\frac{Q'}{\sin\alpha'}\right)r,$$

deren Uebereinstimmung mit der ihr ähnlichen in §. 31. sogleich hervortritt. Zur Uebersicht über die Resultate sei $\alpha = 90^\circ$, $G = 10$, $b = 2$, so ist

1) bei $\alpha_1 = 30^\circ$, $\alpha' = 64^\circ 20\frac{1}{2}'$, $r = 20$, $H = 17{,}3205$, $Q = 41{,}8879$, $T_{(\alpha')} = 17{,}3205$, $Q'\operatorname{ctg}\alpha' = 11{,}5167$, $\frac{Q'}{\sin\alpha'} = 26{,}5971$ und

für $k = 10$, $w = -4{,}1888+\sqrt{52{,}8206} = 3{,}079$,
- $k = 1$, $w = -41{,}888+\sqrt{1907{,}9455} = 1{,}792$,
- $k = \infty$, $w = \sqrt{23{,}333\dot{3}} = 4{,}830$;

2) bei $\alpha_1 = 35^\circ$, $\alpha' = 65^\circ 49'$, $r = 23{,}4509$, $H = 19{,}2136$, $Q = 45{,}0225$, $T_{(\alpha')} = 19{,}2136$, $Q'\operatorname{ctg}\alpha' = 11{,}3278$, $\frac{Q'}{\sin\alpha'} = 27{,}6531$ und

für $k = 10$, $w = -4{,}5022+\sqrt{56{,}7378} = 3{,}030$,
- $k = 1$, $w = -45{,}022+\sqrt{2187{,}8044} = 1{,}751$,
- $k = \infty$, $w = \sqrt{22{,}6556} = 4{,}759$;

3) bei $\alpha_1 = 40^\circ$, $\alpha' = 67^\circ 29'$, $r = 27{,}9945$, $H = 21{,}4411$, $Q = 48{,}8597$, $T_{(\alpha')} = 21{,}4411$, $Q'\operatorname{ctg}\alpha' = 11{,}1335$, $\frac{Q'}{\sin\alpha'} = 29{,}0728$ und

für $k = 10$, $w = -4{,}8860+\sqrt{60{,}8851} = 2{,}917$,
- $k = 1$, $w = -48{,}860+\sqrt{2557{,}4484} = 1{,}712$,
- $k = \infty$, $w = \sqrt{22{,}2670} = 4{,}719$.

Nach diesen Resultaten ist die Stärke der Widerlage kleiner als bei einem Kreisbogen von gleicher Spannweite und abnehmend mit wachsender Höhe; sie ist aber noch etwas gröfser als bei einem Kettenbogen von entsprechenden Dimensionen, der nach §. 13. bei $G = 10$, $b = 2$, $k = 10$, $H = 16$ $w = 2{,}365$ und bei $H = 20$ $w = 2{,}081$ verlangt. Ich glaube, dafs dieser letztere Vergleich, übereinstimmend mit dem beim Ausgleiten des Bogens, am besten die Richtigkeit der Theorie wenigstens im Ganzen verbürgen kann, da offenbar keine Wölbung günstigere Verhältnisse bieten darf, als der durchweg im Gleichgewicht stehende Kettenbogen. Auch der Vergleich mit einem Kreisbogen ist belehrend, da mit zunehmender Höhe bei gleicher Spannweite die Stabilität der Wölbung gefördert werden mufs.

§. 35.

Die Vertheilung der Kräfte bei einem mit einer Stirnmauer versehenen Spitzbogen.

Auf dem Spitzbogen, dessen Mittellinie $A'B'C'$ (Fig. 20.) sei, ruhe noch eine oben horizontal begrenzte Stirnmauer, im Scheitel von einer Höhe $GC' = p$. Man findet zunächst die auf ihn wirkenden Normalkräfte wieder aus der allgemeinen Formel in §. 15.

$$N = dQ\cos\alpha - (\textstyle\int dQ \sin\alpha)\,d\alpha - \frac{\frac{1}{2}S}{\sin\alpha_1}\,d\alpha.$$

Um sie zu bestimmen, möge der Spitzbogen aus O mit dem Radius r beschrieben sein und bis zum Winkel $C'OH = \alpha_1$ reichen, so erhält man in F beim Winkel α das Element dQ einmal aus $\beta r d\alpha$, wobei β die halbe Dicke des Bogens bezeichnet, welche wie früher in der Mittellinie concentrirt gedacht wird, dann aus $r d\alpha \cos\alpha . EF$; aber EF ist

$$= p + r\cos\alpha_1 - r\cos\alpha,$$

also

$$dQ = r d\alpha[\beta + (p + r\cos\alpha_1)\cos\alpha - r\cos^2\alpha].$$

Das Integral $-\int dQ \sin\alpha$, von $\alpha = \alpha_1$ bis $\alpha = \alpha$ genommen, giebt nun

$$r[\beta\cos\alpha + \tfrac{1}{2}(p + r\cos\alpha_1)\cos^2\alpha - \tfrac{1}{3}r\cos^3\alpha]$$
$$-r[\beta\cos\alpha_1 + \tfrac{1}{2}(p + r\cos\alpha_1)\cos^2\alpha_1 - \tfrac{1}{3}r^2\cos^3\alpha_1],$$

und das Glied $\frac{\frac{1}{2}S}{\sin\alpha_1}d\alpha$ verschwindet als eine unendlich kleine Gröfse zweiter Ordnung; somit folgt

$$N = [\beta r(2\cos\alpha - \cos\alpha_1) + (p + r\cos\alpha_1)r(\tfrac{3}{2}\cos^2\alpha - \tfrac{1}{2}\cos^2\alpha_1)$$
$$- r^2(\tfrac{4}{3}\cos^3\alpha - \tfrac{1}{3}\cos^3\alpha_1)]d\alpha.$$

Im Scheitel, wo $\alpha = \alpha_1$ ist, wird

$$N = [\beta r\cos\alpha_1 + pr\cos^2\alpha_1]d\alpha,$$

also eine positive Gröfse, bei $\alpha = 90^0$ dagegen ist

$$N = -[\beta r\cos\alpha_1 + \tfrac{1}{2}pr\cos^2\alpha_1 + \tfrac{1}{6}r^2\cos^3\alpha_1]d\alpha$$

eine negative Gröfse. Nach diesen Angaben findet sich wieder eine Fuge beim Winkel α', wo $N = 0$ wird und die Normalkräfte ihr Zeichen wechseln, d. h. wo ihre Richtung von aufsen nach innen weiter nach unten in die entgegengesetzte übergeht. Diesen Winkel α' bestimmt man aus

$$\beta(2\cos\alpha' - \cos\alpha_1) + (p + r\cos\alpha_1)(\tfrac{3}{2}\cos^2\alpha' - \tfrac{1}{2}\cos^2\alpha_1)$$
$$- r(\tfrac{4}{3}\cos^3\alpha' - \tfrac{1}{3}\cos^3\alpha_1) = 0.$$

Da diese Gleichung für jeden speciellen Fall besonders gelöst werden mufs, so will ich im Allgemeinen nur die nöthigen Formeln entwickeln, die specielle Ausführung dagegen übergehen.

Die Spannung $T_{(\alpha)}$ folgt mit Uebergehung von C als eines verschwindenden Gliedes aus

$$T_{(\alpha)} = \frac{1}{\cos\alpha}\left(\int_{\alpha_1}^{\alpha} N\sin\alpha\right).$$

Dies giebt

$$T_{(\alpha)} = \beta r(\cos\alpha_1 - \cos\alpha) + \tfrac{1}{2}(p + r\cos\alpha_1)r(\cos^2\alpha_1 - \cos^2\alpha)$$
$$- \tfrac{1}{3}r^2(\cos^3\alpha_1 - \cos^3\alpha),$$

also bei $\alpha = 90^0$

$$T = \beta r\cos\alpha_1 + \tfrac{1}{2}(p + r\cos\alpha_1)r\cos^2\alpha_1 - \tfrac{1}{3}r^2\cos^3\alpha_1,$$

und bei $\alpha = \alpha'$ mit Rücksicht auf die oben angegebene Bedingungsgleichung

$$T_{(\alpha')} = \beta r \cos\alpha' + (p + r\cos\alpha_1)\, r \cos^2\alpha' - r^2 \cos^3\alpha'.$$

Ferner ist der normale Druck auf eine Fuge α unterhalb α' nach §. 29.

$$= T_{(\alpha)} + \left(\int_{\alpha_1}^{\alpha} N\cos\alpha\right)\sin\alpha - \left(\int_{\alpha'}^{\alpha} N\sin\alpha\right)\cos\alpha$$
$$+ \left(\int_{\alpha_1}^{\alpha'} N\cos\alpha\right)\operatorname{ctg}\alpha' \cos\alpha.$$

Da jetzt

$$T_{(\alpha)} = \beta r(\cos\alpha_1 - \cos\alpha) + \tfrac{1}{2}(p + r\cos\alpha_1)\, r(\cos^2\alpha_1 - \cos^2\alpha)$$
$$- \tfrac{1}{3} r^2 (\cos^3\alpha_1 - \cos^3\alpha)$$

ist,

$$\left(\int_{\alpha_1}^{\alpha} N\cos\alpha\right)\sin\alpha$$
$$= \beta r(\cos\alpha\sin^2\alpha + (\alpha - \alpha_1)\sin\alpha - \cos\alpha_1\sin^2\alpha)$$
$$+ (p + r\cos\alpha_1)\, r(\tfrac{1}{2}\sin^2\alpha\cos^2\alpha + \sin^2\alpha - \sin\alpha\sin\alpha_1$$
$$- \tfrac{1}{2}\cos^2\alpha_1\sin^2\alpha)$$
$$- r^2(\tfrac{1}{3}\sin^2\alpha\cos^3\alpha + \tfrac{1}{2}\sin^2\alpha\cos\alpha + \tfrac{1}{2}(\alpha - \alpha_1)\sin\alpha$$
$$- \tfrac{1}{2}\sin\alpha\sin\alpha_1\cos\alpha_1 - \tfrac{1}{3}\sin^2\alpha\cos^2\alpha_1),$$

$$-\left(\int_{\alpha'}^{\alpha} N\sin\alpha\right)\cos\alpha$$
$$= \beta r(\cos^3\alpha - \cos^2\alpha'\cos\alpha - \cos\alpha_1\cos^2\alpha + \cos\alpha_1\cos\alpha'\cos\alpha)$$
$$+ (p + r\cos\alpha_1)\, r(\tfrac{1}{2}\cos^4\alpha - \tfrac{1}{2}\cos^3\alpha'\cos\alpha - \tfrac{1}{2}\cos^2\alpha_1\cos^2\alpha$$
$$+ \tfrac{1}{2}\cos^2\alpha_1\cos\alpha'\cos\alpha)$$
$$- r^2(\tfrac{1}{3}\cos^5\alpha - \tfrac{1}{3}\cos^4\alpha'\cos\alpha - \tfrac{1}{3}\cos^3\alpha_1\cos^2\alpha$$
$$+ \tfrac{1}{3}\cos^3\alpha_1\cos\alpha'\cos\alpha) \text{ und}$$

$$\left(\int_{\alpha_1}^{\alpha'} N\cos\alpha\right)\operatorname{ctg}\alpha'\cos\alpha$$
$$= [\beta r(\sin\alpha'\cos\alpha' + (\alpha' - \alpha_1) - \cos\alpha_1\sin\alpha)$$
$$+ (p + r\cos\alpha_1)\, r(\tfrac{1}{2}\sin\alpha'\cos^2\alpha' + \sin\alpha' - \sin\alpha_1 - \tfrac{1}{2}\cos^2\alpha_1\sin\alpha')$$
$$- r^2(\tfrac{1}{3}\sin\alpha\cos^3\alpha' + \tfrac{1}{2}\sin\alpha'\cos\alpha' + \tfrac{1}{2}(\alpha' - \alpha_1) - \tfrac{1}{2}\sin\alpha_1\cos\alpha_1$$
$$- \tfrac{1}{3}\cos^3\alpha_1\sin\alpha')]\operatorname{ctg}\alpha'\cos\alpha,$$

so erhält man nach den erforderlichen Reduktionen den normalen Druck auf die Fuge α

$$= [\beta r(\alpha-\alpha_1)+(p+r\cos\alpha_1)r(\sin\alpha-\sin\alpha_1)$$
$$-\tfrac{1}{2}r^2(\sin\alpha\cos\alpha+(\alpha-\alpha_1)-\sin\alpha_1\cos\alpha_1)]\sin\alpha$$
$$+[\beta r(\alpha'-\alpha_1)+(p+r\cos\alpha_1)r(\sin\alpha'-\sin\alpha_1)$$
$$-\tfrac{1}{2}r^2(\sin\alpha'\cos\alpha'+(\alpha'-\alpha_1)-\sin\alpha_1\cos\alpha_1)]\operatorname{ctg}\alpha'\cos\alpha.$$

Nach der Figur ist aber $\beta r(\alpha-\alpha_1)$ gleich dem halben Gewölbbogen FC', $(p+r\cos\alpha_1)r\sin\alpha = EHIO$, $(p+r\cos\alpha_1)r\sin\alpha_1 = GDHO$, $\frac{1}{2}r^2\sin\alpha\cos\alpha = \triangle FIO$, $\frac{1}{2}r^2\sin\alpha_1\cos\alpha_1 = \triangle C'DO$, und $\frac{1}{2}r^2(\alpha-\alpha_1)$ gleich dem Kreisausschnitte $FC'O$, also giebt der ganze erste Faktor des ersten Gliedes das gesammte Mauerwerk bis auf die Mitte der Fuge α an, dem entsprechend der Faktor des zweiten Gliedes das Mauerwerk bis zur Fuge α'. Wird das erste mit Q, das andere mit Q' bezeichnet, so stellt sich

$$\text{der Normaldruck} = Q\sin\alpha + Q'\operatorname{ctg}\alpha'\cos\alpha,$$

wie dies auch nach dem frühern Resultate beim Kreisbogen mit Stirnmauer zu erwarten war. Uebrigens würde man wieder am besten die Beziehung auf den äufsern Radius des Bogens eintreten lassen, um den Druck auf die ganze Fuge zu erhalten.

§. 36.

Das Ausgleiten eines mit einer Stirnmauer versehenen Spitzbogens.

Da für das Ausgleiten des Spitzbogens auf der horizontalen Fuge FN (Fig. 20.) dieselben Bedingungen vorliegen wie in §. 30., auf welchen ich zurückweise, so mufs auch hier zum Schutz des Bogens

$$\mu\left[(w-\beta)(p+r\cos\alpha_1-r\cos\alpha)+T_{(\alpha)}\sin\alpha+\int_{\alpha_1}^{\alpha}N\cos\alpha\right]$$
$$> T_{(\alpha)}\cos\alpha-\int_{\alpha'}^{\alpha}N\sin\alpha+\left(\int_{\alpha_1}^{\alpha'}N\cos\alpha\right)\operatorname{ctg}\alpha',$$

sein. Unter Berücksichtigung der im vorigen §. entwickelten Integrale findet man

$$T_{(\alpha)}\sin\alpha+\int_{\alpha_1}^{\alpha}N\cos\alpha$$

$$=\beta r(\cos\alpha_1-\cos\alpha)\sin\alpha+\tfrac{1}{2}(p+r\cos\alpha_1)r(\cos^2\alpha_1-\cos^2\alpha)\sin\alpha$$
$$-\tfrac{1}{3}r^2(\cos^3\alpha_1-\cos^3\alpha)\sin\alpha$$
$$+\beta r(\cos\alpha\sin\alpha+(\alpha-\alpha_1)-\cos\alpha_1\sin\alpha)$$
$$+(p+r\cos\alpha_1)r(\tfrac{1}{2}\sin\alpha\cos^2\alpha+\sin\alpha-\sin\alpha_1-\tfrac{1}{2}\cos^2\alpha_1\sin\alpha)$$
$$-r^2(\tfrac{1}{3}\sin\alpha\cos^3\alpha+\tfrac{1}{2}\sin\alpha\cos\alpha+\tfrac{1}{2}(\alpha-\alpha_1)-\tfrac{1}{2}\sin\alpha_1\cos\alpha_1$$
$$-\tfrac{1}{3}\sin\alpha\cos^3\alpha_1)$$
$$=\beta r(\alpha-\alpha_1)+(p+r\cos\alpha_1)r(\sin\alpha-\sin\alpha_1)$$
$$-\tfrac{1}{2}r^2(\sin\alpha\cos\alpha+(\alpha-\alpha_1)-\sin\alpha_1\cos\alpha_1)=Q;$$

ebenso

$$T_{(\alpha)}\cos\alpha-\int_{\alpha'}^{\alpha}N\sin\alpha+\left(\int_{\alpha_1}^{\alpha'}N\cos\alpha\right)\operatorname{ctg}\alpha'=Q'\operatorname{ctg}\alpha'.$$

Substituirt man diese Werthe, so mufs

$$\mu>\frac{Q'\operatorname{ctg}\alpha'}{(w-\beta)(p+r\cos\alpha_1-r\cos\alpha)+Q}$$

sein, also bei $\alpha=90^0$, indem man $r\cos\alpha_1=H$ setzt,

$$\mu>\frac{Q'\operatorname{ctg}\alpha'}{\left(w-\frac{b}{2}\right)(p+H)+Q}.$$

§. 37.

Die Stärke der Widerlage bei einem Spitzbogen mit Stirnmauer.

I. Beim Ausgleiten der Widerlage eines bis auf $\alpha=90^0$ gehenden Spitzbogens kommt zu der so eben entwickelten Formel nur noch das Gewicht der Widerlage $=wk$ hinzu, also mufs

$$\mu[wk+(w-\beta)(p+H)+Q]>Q'\operatorname{cotg}\alpha'$$

sein; dies giebt

$$w>\frac{Q'\operatorname{ctg}\alpha'+\mu\beta(p+H)-\mu Q}{\mu(k+p+H)}.$$

II. Zum Umsturz der Widerlage sind gleichfalls ähnliche Kräfte thätig wie in §. 31.; da auch die Formeln in den allgemeinen Bezeichnungen übereinstimmen, sofern man nur das dortige G jetzt $= G + r\sin\alpha_1$, beide $= r\sin\alpha$ und das dortige $r - H = r\cos\alpha_1 - H$, beide $= r\cos\alpha$ setzt, so erhält man ohne Weiteres w aus

$$wk.\frac{w}{2} + (H+p)(w-\beta)\frac{w-\beta}{2} + T_{(\alpha')}\beta + Q(w-\beta) + Qr\sin\alpha$$

$$= Q'\operatorname{ctg}\alpha'.k - Q'\operatorname{ctg}\alpha'.r\cos\alpha + \left(\frac{Q'}{\sin\alpha'} + T_{(\alpha)} - T_{(\alpha')}\right)r,$$

und bei $\alpha = 90^0$ aus

$$wk.\frac{w}{2} + (H+p)(w-\beta)\frac{w-\beta}{2} + Q(w-\beta) + T_{(\alpha')}\beta$$

$$= Q'\operatorname{ctg}\alpha'.k + \left(\frac{Q'}{\sin\alpha'} - Q + T_{(\alpha)} - T_{(\alpha')}\right)r.$$

IV. Abschnitt.

Statik der Kreuzgewölbe.

A. Mit Rundbogen.

§. 38.

Die Vertheilung der Kräfte auf einem Kreuzgewölbe mit Rundbogen.

Wir gehen jetzt auf die Vertheilung der wirkenden Kräfte bei einem Kreuzgewölbe über. Betrachtet man zuerst die Form, so entsteht ein Kreuzgewölbe mit Rundbogen, wenn über dem Quadrate $ABCD$ (Fig. 21.) von AB zu CD und von AC zu BD Tonnengewölbe geschlagen und von den sich so durchkreuzenden Gewölben die Stücke OAC und ODB vom ersten, OAB und OCD vom andern beibehalten werden. Auf diese Weise zeigen sich über AB, BD, DC und AC Kreisbogen, die immer kürzer werdend sich bis O fortsetzen und in den Graten AD und CB zusammenstofsen. Die Bogen über AB, BD u. s. w. bilden entweder vollständige Halbkreise oder nur Theile derselben; im erstern Falle sind die halben Seiten des Quadrats die Radien der Kreise, im andern sind sie nur die Sinus der Endwinkel multiplicirt mit den Radien; sieht man die erstere vollständige Form als Grundform an, so lassen sich die andern dadurch von ihr ableiten, dafs man das Gewölbe durch eine horizontale Ebene höher oder tiefer begrenzt. — Ich will zur weitern Vervollständigung dieser vorläufigen Betrachtungen sogleich den Kubikinhalt des Gewölbes und die Krümmung der Grate näher bestimmen. Eine blofse Gewölbfläche ohne Dicke, die mit dem Radius r gebildet ist, ruhe auf einem Quadrate, dessen halbe Seite man mit a bezeichne; das Element ILK der Kappe AOB hat nun eine Breite $= dx$, wenn $OL = x$ gesetzt wird, und seine Länge ist der Bogen IK, dessen Sehne wegen des zum Grunde liegenden Quadrats $2x$ beträgt, also ist das Element $= 2r \operatorname{arc}\left(\sin = \frac{x}{r}\right) dx$ und der Flächeninhalt der Kappe $= \int 2r \operatorname{arc}\left(\sin = \frac{x}{r}\right) dx$, genommen von $x = 0$ bis $x = a$. Aber

$$2r \int \operatorname{arc}\left(\sin = \frac{x}{r}\right) dx \text{ ist } = 2rx \operatorname{arc}\left(\sin = \frac{x}{r}\right) + 2r\sqrt{(r^2 - x^2)},$$

also findet man innerhalb der Grenzen den Flächeninhalt der Kappe oder den vierten Theil vom Gewölbe

$$= 2ar \operatorname{arc}\left(\sin = \frac{a}{r}\right) + 2r\sqrt{(r^2 - a^2)} - 2r^2.$$

Wenn hierauf das Gewölbe eine durchgehende Dicke $= b$ erhält, so wüde man zur Bestimmung seines Kubikinhalt am sichersten die äufsere und innere Fläche berechnen und das arithmetische Mittel mit b multipliciren; da dies indefs nicht ohne Weitläuftigkeiten geschehen kann, auch zum vorliegenden Zwecke eine genügende Annäherung befriedigt, so halte ich es für hinreichend die ganze Masse des Gewölbes in der Fläche vom mittlern Radius $= r$ concentrirt zu denken und demnach den Kubikinhalt einer Kappe

$$= 2bar \operatorname{arc}\left(\sin = \frac{a}{r}\right) + 2br\sqrt{(r^2 - a^2)} - 2br^2$$

zu setzen, worin a ebenfalls nach der mittlern Fläche bestimmt wird. Nur in einzelnen Fällen kann es nothwendig sein, auf den Werth von a für die äufsere Fläche zurückzukommen. Bei einem Kreuzgewölbe mit vollständigen Halbkreisen ist $a = r$ und die Kappe $= br^2(\pi - 2)$. — In Hinsicht auf die Krümmung der Grate sei das Gewölbe vollständig und A gebe den Anfangspunkt der zu einander rechtwinkligen Coordinaten an; man setze Ai in der Sehne AD senkrecht unter dem Punkte I im Grate $= z$, OL wie vorher $= x$ und $Ii = y$, so ist $z = (r - x)\sqrt{2}$ und $y^2 = r^2 - x^2$; der erste Werth von $x^2 = \left(r - \frac{z}{\sqrt{2}}\right)^2$ hierin substituirt giebt $y^2 = \frac{1}{2}(2r\sqrt{2}.z - z^2)$, die Gleichung einer Ellipse, in der die eine Axe $AD = 2r\sqrt{2}$ und die andere nach dem Scheitel $O = 2r$ ist. Die Grate sind also elliptische Bogen.

Nach diesen Vorbemerkungen beachten wir die Vertheilung der Kräfte. Jede Kappe kann man sich in einzelne Bogen zerlegen, die in O die kleinste und weiter nach dem Umfange zu eine immer gröfsere Ausdehnung besitzen. Ihre Ausdehnung bestimmt man am leichtesten wie bisher durch ihren Endwinkel α; geschieht dies, so entsteht von jedem einzelnen Bogen, der eine Breite $= dx$, oder wegen $x = r\sin\alpha$ eine Breite $= r\cos\alpha d\alpha$ besitzt, an seinem Ende eine Tangentialkraft $T_{(\alpha)}.r\cos\alpha d\alpha$ und aufserdem wirken auf ihn die früher bestimmten Normalkräfte N. Die letztern, als senkrecht gegen ihre Bogen gerichtet und somit einer Ableitung nicht fähig, bleiben an ihrem Orte, die Tangentialkräfte dagegen gehen auf die Grate über und werden theils durch sie nach den vier Stützpunkten A, B, C, D abgeleitet, theils treten sie an ihnen als neue Normalkräfte hervor. Da die ganze Masse des Gewölbes in den Kappen enthalten sein soll, so bringen die Grate selbst keine eigene Schwere hinzu, sie enthalten nur Fugen, die senkrecht gegen die elliptischen Bogen stehen und denen gemäfs die Vertheilung der Tangentialkräfte erfolgen mufs. Die Richtung dieser Fugen läfst sich zunächst leicht angeben. Es endige nämlich der Kreisbogen MI und ebenso LI in I (Fig. 21.) mit dem Winkel α, der natürlich in der Ebene dieser Bogen gemessen wird, so erhält man, wenn man wie vorher $OM = x$, Ai (wieder senkrecht unter I im Grate) $= z$ und $Ii = y$ setzt, den Winkel γ der elliptischen Fuge in I mit der Vertikalen in der Ebene der Ellipse aus $\tang \gamma = \frac{dy}{dz}$. Es ist $y^2 = \frac{1}{2}(2r\sqrt{2}.z - z^2)$ und $ydy = \frac{1}{2}(r\sqrt{2} - z)dz = \frac{1}{2}x\sqrt{2}.dz$, folglich $\tang \gamma = \frac{\frac{1}{2}\sqrt{2}.x}{y}$ oder auch wegen $\frac{x}{y} = \tang \alpha$, $\tang \gamma = \frac{1}{2}\sqrt{2}.\tang \alpha$. Dies giebt $\sin \gamma = \frac{\sin \alpha}{\sqrt{(1+\cos^2 \alpha)}}$, $\cos \gamma = \frac{\sqrt{2}.\cos \alpha}{\sqrt{(1+\cos^2 \alpha)}}$ und $d\gamma = \frac{\sqrt{2}.d\alpha}{1+\cos^2 \alpha}$. Die Tangentialkräfte nun, die auf den elliptischen Bogen einwirken, liefern nach dem Frühern (§. 16.) von beiden Seiten her einen vertikalen Druck $= 2br(2 - \cos \alpha)\sin \alpha . r\cos \alpha d\alpha$ und zusammen einen horizontalen, nach der Gratebene von O abwärts gerichteten Zug $\sqrt{2}.br(2 - \cos \alpha)\cos \alpha . r\cos \alpha d\alpha$. Um ihre gemeinsame Wirkung zu bekommen, gehen wir auf Fig. 1. zurück, in den einzelnen Stäben aufser den Kräften nach vertikaler Richtung $\frac{1}{2}S$, $\frac{1}{2}(S+S')$ . . ., die hier der gröfsern Kürze wegen mit A, A' . . . . bezeichnet werden mögen, noch nach horizontaler Richtung Kräfte $= B$, B' . . . . hinzukommen. Wie man sich leicht überzeugen wird, entstehen dadurch in der frühern Bezeichnungsweise folgende Bedingungsgleichungen:

$$t = \frac{A}{\sin\alpha} + B;$$

$$n + t\,\frac{\sin(\alpha' - \alpha)}{\cos\frac{\alpha' - \alpha}{2}} + B'\,\frac{\sin\alpha'}{\cos\frac{\alpha' - \alpha}{2}} = A'\,\frac{\cos\alpha'}{\cos\frac{\alpha' - \alpha}{2}},$$

$$t' = t + A'\,\frac{\sin\frac{\alpha' + \alpha}{2}}{\cos\frac{\alpha' - \alpha}{2}} + B'\,\frac{\cos\frac{\alpha' + \alpha}{2}}{\cos\frac{\alpha' - \alpha}{2}};$$

$$n' + t'\,\frac{\sin(\alpha'' - \alpha')}{\cos\frac{\alpha'' - \alpha'}{2}} + B''\,\frac{\sin\alpha''}{\cos\frac{\alpha'' - \alpha'}{2}} = A''\,\frac{\cos\alpha''}{\cos\frac{\alpha'' - \alpha'}{2}},$$

$$t'' = t' + A''\,\frac{\sin\frac{\alpha'' + \alpha'}{2}}{\cos\frac{\alpha' - \alpha}{2}} + B''\,\frac{\cos\frac{\alpha'' + \alpha'}{2}}{\cos\frac{\alpha'' - \alpha'}{2}};$$

u. s. w. Sobald man diese Gleichungen auf eine stetige Curve bezieht, bekommt man nach dem frühern Gange

$$N = A^n \cos\alpha - B^n \sin\alpha - (\int A \sin\alpha)\, d\alpha - (\int B \cos\alpha)\, d\alpha - \frac{A_1}{\sin\alpha_1}\, d\alpha - B_1\, d\alpha,$$

worin A^n, B^n die letzten Kräfte am Orte α der gesuchten Normalkraft und A_1, B_1 die ersten Kräfte im Scheitel andeuten. Beim vorliegenden Falle sind die Winkel α mit γ zu vertauschen und somit findet man die Normalkräfte auf dem Grate aus

$$N = A^n \cos\gamma - B^n \sin\gamma - (\int A \sin\gamma)\, d\gamma - (\int B \cos\gamma)\, d\gamma - \frac{A_1}{\sin\gamma_1}\, d\gamma - B_1\, d\gamma.$$

Substituirt man für A^n, B^n u. s. w. ihre vorher angegebenen Werthe, desgleichen für $\cos\gamma$, $\sin\gamma$, $d\gamma$ ihre Werthe in α, wodurch der betreffende Ort des elliptischen Bogens durch die Endwinkel der Kreisbogen bestimmt wird, und übergeht

$-\frac{A_1}{\sin\gamma_1}d\gamma$ und $-B_1 d\gamma$ als unendlich kleine Gröfsen zweiter Ordnung, so folgt

$$N=\frac{2\sqrt{2}.br^2(2-\cos\alpha)\sin\alpha\cos^2\alpha d\alpha}{\sqrt{(1+\cos^2\alpha)}}-\frac{\sqrt{2}.br^2(2-\cos\alpha)\sin\alpha\cos^2\alpha d\alpha}{\sqrt{(1+\cos^2\alpha)}}$$
$$-\left(\int\frac{2br^2(2-\cos\alpha)\sin^2\alpha\cos\alpha d\alpha}{\sqrt{(1+\cos^2\alpha)}}\right.$$
$$\left.+\int\frac{2br^2(2-\cos\alpha)\cos^3\alpha d\alpha}{\sqrt{(1+\cos^2\alpha)}}\right)\frac{\sqrt{2}.d\alpha}{1+\cos^2\alpha}$$

oder

$$N=\frac{\sqrt{2}.br^2(2-\cos\alpha)\sin\alpha\cos^2\alpha d\alpha}{\sqrt{(1+\cos^2\alpha)}}$$
$$-\left(\int\frac{2\sqrt{2}.br^2(2-\cos\alpha)\cos\alpha d\alpha}{\sqrt{(1+\cos^2\alpha)}}\right)\frac{d\alpha}{1+\cos^2\alpha}.$$

Es schien mir passend die Formeln anzugeben, von welchen die vollständige Vertheilung der Kräfte auf dem Kreuzgewölbe abhängt; doch ehe ich weiter auf diese sehr complicirten Formeln eingehe, halte ich es für ebenso nothwendig auf die Verhältnisse hinzuweisen, die bei ihrem Gebrauche vorkommen müssen. — Die beiden Untersuchungen über das Ausgleiten und den Umsturz der Widerlage, welche hier vorliegen, gehen, wie es scheint, auf die Kräfte in den Graten zurück, doch tritt dabei ein eigenthümliches Hindernifs auf. Denkt man sich nämlich die kreisförmigen Kappen auf den Graten gleichsam wie ruhend und somit diese sich kreuzenden Bogen als die Haupttheile, deren Verhalten das Verhalten des ganzen Gewölbes bestimmt, so werden beim Ausweichen der Widerlage die Grate ihre Form verändern, indem sie sich namentlich senken, um weiter zu werden. Ihre Senkung und Verlängerung zieht eine Senkung und Verlängerung der Kappen nach sich, und demzufolge mufs man annehmen, dafs die Kappen nicht blofs nach der bisherigen Richtung eine Beweglichkeit der einzelnen Steine zulassen, sondern es ist ebenso nothwendig, dafs sie sich auch mit gleicher Leichtigkeit nach den Linien *IK*, *IN* (Fig. 21.) von einander in beliebig viele

Querschnitte sondern. Die gegenseitige Verbindung der Steine aber, die in diesen Querschnitten in einander greifen und wegen der Spannung in den Bogen nur nach Ueberwindung der Reibung sich zu bewegen oder gar von einander zu rücken im Stande sind, setzt einer solchen Annahme Hindernisse entgegen, sie lehrt wenigstens, dafs hier noch andere Kräfte entstehen, die nicht aufser Acht gelassen werden dürfen, wenn nicht die Resultate der Rechnung mit der Erfahrung in Widerspruch kommen sollen. Mir scheint es schwierig, wenn nicht unmöglich, den wirklichen Hergang vollständig zu erfassen; um daher keine neuen Annahmen zu machen, halte ich es schon der Vergleichung der Resultate wegen für besser, die vorliegenden Untersuchungen allein nach den bisherigen Grundsätzen durchzuführen. Läfst man demgemäfs nur eine Beweglichkeit der Steine nach der Krümmung der Bogen, nicht aber zwischen den einzelnen Bogen zu, so können beim Ausweichen der Widerlagen sich die Kappen allein in ihrer Krümmung verflachen, nicht aber nach OF, OH zu länger werden, weil dies die Verbindung der Steine verhindert. Mit fehlender Ausdehnung in der Länge fällt die Beweglichkeit in den Graten fort, und weichen jetzt die Widerlagen aus, so kann es nur geschehen, wenn die Grate in ihrer Verbindung am Scheitel aus einander gehen und so vier gesonderte oder getrennte Bogen darstellen. Zu dieser Betrachtungsweise gesellt sich ein Umstand, der sie räthlicher erscheinen läfst. Die Kreuzgewölbe bilden bei ihrer Anwendung überall eine fortlaufende Reihe von an einander stofsenden einzelnen Gewölben, die sich durch ihre Folge nach einer Richtung hin gegenseitig halten; nur nach einer Seite ist ein Ausweichen der Widerlagen möglich. Es seien z. B. diese beweglichen Widerlagen AB und CD, so bleiben die Kappen AOB und AOD in ihrer richtigen Lage, mit ihnen die Grate und die Trennung des Gewölbes geht regelrecht in O an, indem sich die Kappen COA und DOB, gleichsam wie Tonnengewölbe zwischen ihren Widerlagen, ausdehnen und verflachen. — Mit dieser Ansicht tritt eine vollständige Aenderung in der Berechnung ein, da jetzt die Grate als getrennte oder offene Bogen zu behandeln sind, denen in O der Stützpunkt fehlt. Zur richtigen Wahl der Behandlung sei in den Stäben Fig. 1., die selbst keine Schwere besitzen, eine Kraft W in irgend einem Punkte des Bogens parallel zu demselben angebracht, z. B. in S' nach BC gerichtet, die hiernach zunächst in C in der Richtung von Ct' aus dem Bogen heraustritt. Man zerlege sie auf den Bogen und senkrecht dagegen nach Cc; da $\angle t'CD = \alpha'' - \alpha'$ und $\angle t'Cc = 90^0 - \frac{\alpha''-\alpha'}{2}$ ist, so erhält man nach CD dieselbe Kraft W und nach Cc die Normalkraft $\frac{W \sin(\alpha''-\alpha')}{\cos\frac{\alpha''-\alpha'}{2}}$; in D findet ein gleicher Fall statt, und so ergiebt sich bei Uebertragung dieser Zerfällung auf eine stetige Curve das einfache Resultat, daſs eine längs ihrer Krümmung wirkende Kraft W in gleicher Gröſse durch den ganzen Bogen hindurchgeht und auſserdem in jedem Elemente eine nach auſsen gerichtete Normalkraft $= Wd\alpha$ abgiebt. Hierauf bezeichne weiter ABC (Fig. 22.) eine beliebige Curve ohne Schwere, deren Normale in B mit der Vertikalen AN den Winkel $BMA = \alpha_1$ und in C den Winkel $CRA = \alpha'$ einschlieſse; auf sie wirke in B nach der Tangente gerichtet die Kraft W, so bringt diese nach dem Vorstehenden in C ebenfalls nach der Tangente nach CT gerichtet eine gleiche Kraft W hervor und auſserdem in allen Elementen von B bis C Normalkräfte $= Wd\alpha$. Man suche erstens die Wirkung dieser Kraft nach horizontaler Richtung. W in C giebt nach der Horizontalen CL die Kraft $W\cos\alpha'$ und jede Normalkraft z. B. in D, wo $\angle DUA = \alpha$ ist, giebt nach derselben Richtung $W\sin\alpha d\alpha$; somit ist die gesammte horizontale Wirkung $= W\cos\alpha' + \int_{\alpha_1}^{\alpha'} W\sin\alpha d\alpha = W\cos\alpha' - W\cos\alpha' + W\cos\alpha_1 = W\cos\alpha_1$; eben diese Kraft liefert auch W in B unmittelbar nach horizontaler Richtung nach BD

zerfällt $= W \cos\alpha_1$. Zerlegt man zweitens die Kraft nach vertikaler Richtung, so findet man sie $= W \sin\alpha' - \int_{\alpha_1}^{\alpha'} W \cos\alpha d\alpha$ $= W \sin\alpha' - W \sin\alpha' + W \sin\alpha_1 = W \sin\alpha_1$, also wiederum so grofs als W in B unmittelbar senkrecht nach BF zerfällt. Drittens werde das Moment von W für einen beliebigen Drehungspunkt O gesucht. Hierzu sei BE vertikal gezogen $= X$, die horizontale Linie $OE = G$, desgleichen $CI = H'$, $OI = G'$ und die rechtwinkligen Coordinaten des Punktes D nämlich $BF = x$, $DF = y$. Betrachtet man W nach seinen einzelnen Kräften im Bogen, so stellt sich das Moment $= W\cos\alpha'.H' - W\sin\alpha'.G' + \int W \sin\alpha d\alpha (H-x) + \int W \cos\alpha d\alpha (G-y)$, worin die Integrale von $\alpha = \alpha_1$ bis $\alpha = \alpha'$, von $x = 0$ bis $x = H - H'$ und von $y = 0$ bis $y = G - G'$ genommen werden müssen. Es ist aber

$$\int W \sin\alpha d\alpha . H = - W \cos\alpha' . H + W \cos\alpha_1 . H,$$

$$\int W \cos\alpha d\alpha . G = W \sin\alpha' . G - W \sin\alpha_1 . G,$$

$$- \int W \sin\alpha d\alpha . x - \int W \cos\alpha d\alpha . y$$

$= W\cos\alpha'(H - H') - W\sin\alpha'(G - G') - \int W \cos\alpha dx + \int W \sin\alpha dy$; substituirt man in diese beiden Integrale für $\sin\alpha$ seinen Werth $\frac{dx}{ds}$ und für $\cos\alpha$ seinen Werth $\frac{dy}{ds}$, so heben sie sich gegenseitig auf und die Substitution der übrigen gefundenen Werthe giebt das ganze Drehungsmoment $= W\cos\alpha' H' - W\sin\alpha' G'$ $- W\cos\alpha' H + W\cos\alpha_1 H + W\sin\alpha' G - W\sin\alpha_1 G + W\cos\alpha'(H - H')$ $- W\sin\alpha'(G - G') = W\cos\alpha_1 H - W\sin\alpha_1 G$. Ebenso grofs ist wiederum das Moment der Kraft W unmittelbar an ihrer Stelle in B gelassen. Wenn endlich eine Kraft W in B nicht parallel zur Tangente wirkt, so mufs man sie einmal längs des Bogens, zweitens senkrecht gegen ihn zerfällen, weil andere Stützpunkte fehlen; die letzte Seitenkraft bleibt in B, die erste durch den Bogen geleitet giebt dieselbe Wirkung, als würde sie ebenfalls in B gelassen; demnach kann zur Bestimmung der Wirkung von jeder Kraft, die auf einen an einem Ende freien Bogen geleitet wird, die Kraft unmittelbar an der Angriffsstelle verbleiben, und das Resultat ist dasselbe. Wie man sieht, bekommt durch die Sätze diese Berechnung beim Kreuzgewölbe eine ganz andere Form, als wenn ihr Uebergang auf die Grate als geschlossene Bogen beachtet wird; die Tangentialkräfte verbleiben jetzt jede an ihrer Stelle und die Vertheilung der Kräfte in den Graten ist gleichgültig. — Nachdem ich die Untersuchung auf diesen Punkt hingeführt habe, möchte ich noch die Differenz in den beiden von einander abweichenden Berechnungsarten wenigstens annäherungsweise nachweisen, um die vorliegenden Umstände soweit als möglich aufzuklären. Wenn man zunächst an jeder Stelle I (Fig. 21.) des Grates von den vertikal zerfällten Tangentialkräften der beiden Bogen nur eine nimmt, also blofs $T_{(\alpha)} \sin\alpha . dx$, zugleich aber beide horizontal zerfällten, d. h. nach der Richtung der Ellipse beide $= \sqrt{2} . T_{(\alpha)} \cos\alpha . dx$, so liefern diese Kräfte zusammen eine gemeinsame, die mit der Horizontalebene den Winkel γ einschliefst, der aus $\tang\gamma = \frac{1}{2}\sqrt{2} \tang\alpha$ folgt. Dieser Winkel stimmt mit der Richtung der Fuge im Grate gegen die Vertikale zusammen, also ist die genannte Kraft grade senkrecht gegen die Fuge gerichtet, giebt deshalb gar keine Spannung im Scheitel, und kann demgemäfs wie eine Kraft auf einen offenen Bogen behandelt werden, d. h. jede Kraft kann unmittelbar an ihrer Angriffsstelle verbleiben. Man behält also in I vertikal nach unten $T_{(\alpha)} \sin\alpha . dx$ und horizontal nach der Richtung DA die Kraft $\sqrt{2} . T_{(\alpha)} \cos\alpha . dx$, die nach AR gelegt $T_{(\alpha)} \cos\alpha . dx$ giebt. Nehmen wir nun später beim Ausdrängen der Widerlage nach AR die Kräfte von der Kappe COA jede an ihrer Stelle im Grate an und übergehen den horizontalen Druck der Kappe AOB als nicht wirkend auf die Widerlage AB, so stimmen bis hierher beide Resultate, man mag die Grate in O geöffnet oder geschlossen annehmen. Der Unterschied tritt erst durch die vertikalen Kräfte der Kappe AOB ein, nämlich durch $T_{(\alpha)} \sin\alpha . dx$; bei geöffneten Graten bleiben auch sie an ihrem Orte, ziehen demnach den Bogen nach unten und liefern beim Umsturz der Widerlage Momente nach innen oder zur Erhaltung derselben; bei geschlossenen Graten spannen sie dagegen diese Bogen und tragen zum Umsturz und Ausgleiten der Widerlage bei. So grofs dieser Unterschied auch anfänglich scheinen mag, so ist doch die Differenz genau betrachtet nicht grade bedeutend. Die eigentliche Masse der Kappe liegt nämlich der Widerlage nahe und ihr Moment nach innen ist gegen die übrigen Kräfte nicht von grofsem Belange; von der andern Seite kommt bei Vertheilung der Last auf die Grate nichts auf den Scheitel, die Hauptlast auf das Ende des Bogens, und dies giebt, wie die Kuppelgewölbe, doch auch diese nur in geringerm Mafse, lehren können, keine bedeutende Spannung, demnach auch keine grofsen Momente zum Umsturz der Widerlage, wenigstens in Vergleich zu den schon überdies vorhandenen, weit bedeutenderen Kräften. Es bietet sich selbst noch ein Mittel dar, die vorhandene Differenz mehr auszugleichen, wobei dann in der That nur sehr wenig auf die Verbindung der Steine unter einander gerechnet wird. Betrachtet man nämlich die Grate oder vielmehr die Kappen AOB und COD oben in O ohne weitere Spannung nur an einander gelehnt, so ruht die ganze Last der Kappe AOB auf der Widerlage AB und ihr Moment zur Erhaltung derselben verringert sich. Ich werde nachher auch für diese Annahme die Formeln zum Umsturz der Widerlage berechnen, damit man desto leichter abnehmen könne, um welche wirklich nur geringe Differenzen in den Resultaten es sich hier handelt, und damit dadurch die Ueberzeugung von dem fast genauen Werthe der entwickelten Formeln, selbst wenn man den Zusammenhang in den Querfugen aufheben wollte, um desto begründeter werde.

§. 39.

Die Stärke der Widerlage bei einem Kreuzgewölbe mit Rundbogen.

I. Das Ausgleiten der Widerlage und zwar zunächst der Widerlage A nach AR zu hängt nach den im vorigen §.

aufgestellten Grundsätzen von folgenden Umständen ab. Wenn ihre Länge in der Richtung $AB = l$, ihre Breite nach $AR = w$ gesetzt und ihre Höhe bis zur gleitenden Fuge $= k$ angenommen wird, so beträgt ihr Gewicht bis zu dieser Fuge lwk. Auf sie wirken von den Kräften des Gewölbes diejenigen ein, welche aus dem Theile FOH stammen, die übrigen treffen die drei anderen Pfeiler. Diese Kräfte sind zunächst im Punkte I des Grates, der durch $OL = x$ bestimmt wird, von beiden Bogen LI und MI, die senkrecht nach unten zerfällten Spannungen $T_{(\alpha)} = 2T_{(\alpha)} \sin\alpha = 2br(2 - \cos\alpha)\sin\alpha$, worin $r\sin\alpha = x$ ist, also $\sin\alpha = \frac{x}{r}$ und $\cos\alpha = \frac{\sqrt{(r^2 - x^2)}}{r}$, dies giebt senkrecht nach unten bei einer Breite $= dx$ der Bogen den Druck $2b\left\{2x - \frac{x\sqrt{(r^2 - x^2)}}{r}\right\}dx$. Zugleich entsteht in I horizontal wirkend in der Richtung von A nach R die Spannkraft vom Bogen $MI = T_{(\alpha)}\cos\alpha = br(2 - \cos\alpha)\cos\alpha$ $= b\left\{2\sqrt{(r^2 - x^2)} - \frac{r^2 - x^2}{r}\right\}dx$, denn die horizontale Spannung vom andern Bogen trägt zum Ausgleiten nach AR nichts bei. Aufserdem befinden sich noch auf beiden Bogen die Normalkräfte N; jede derselben, z. B. die in S, kann senkrecht nach unten und horizontal dem Bogen parallel zerfällt werden; bezeichnet man hierzu, um Verwirrungen zu vermeiden, den Winkel am Mittelpunkt des Bogens, der zur SL gehört, mit β, so ist $N = -2br(1 - \cos\beta)\,d\beta$, also nach vertikaler Richtung $= -2br(1 - \cos\beta)\cos\beta d\beta$ und nach horizontaler $= -2br(1 - \cos\beta)\sin\beta d\beta$. Alle vertikalen Seitenkräfte von jedem Bogen geben einen Druck auf die Widerlage

$$= [\int - 2br(1 - \cos\beta)\cos\beta d\beta]\,dx,$$

worin das Integral von $\beta = 0$ bis $\beta = \alpha$ oder bis $\sin\beta = \frac{x}{r}$ genommen wird; die horizontalen Seitenkräfte, die wieder nur vom Bogen MI in Anschlag kommen, betragen zusammen von A nach R wirkend $[\int 2br(1 - \cos\beta)\sin\beta d\beta]\,dx$, wobei das Integral ebenfalls zwischen den angegebenen Grenzen genommen werden mufs. Die Vereinigung der sämmtlichen einzeln bezeichneten Kräfte giebt den Druck auf die gleitende Fuge

$$= lwk + \int_0^a 2b\left(2x - \frac{x\sqrt{(r^2-x^2)}}{r}\right)dx$$

$$-2\int_0^a 2br\left\{\int (1-\cos\beta)\cos\beta d\beta\right\}dx,$$

und durch Multiplikation mit dem Reibungscoefficienten μ, die daraus entspringende Reibung, welche letztere nun nicht durch die Kraft

$$\int_0^a b\left(2\sqrt{(r^2-x^2)} - \frac{r^2-x^2}{r}\right)dx + \int_0^a 2br\left\{\int (1-\cos\beta)\sin\beta d\beta\right\}dx$$

überwunden werden darf, soll anders die Stabilität des Gewölbes gesichert sein. Nun ist

$$\int (1-\cos\beta)\cos\beta d\beta = \sin\beta - \tfrac{1}{2}\sin\beta\cos\beta - \tfrac{1}{2}\beta,$$

also innerhalb seiner Grenzen

$$= \frac{x}{r} - \frac{\frac{1}{2}x\sqrt{(r^2-x^2)}}{r^2} - \tfrac{1}{2}\operatorname{arc}\left(\sin = \frac{x}{r}\right),$$

ferner

$$\int (1-\cos\beta)\sin\beta d\beta = -\cos\beta + \tfrac{1}{2}\cos^2\beta,$$

also innerhalb seiner Grenzen

$$= -\frac{\sqrt{(r^2-x^2)}}{r} + \tfrac{1}{2}\frac{r^2-x^2}{r^2} + \tfrac{1}{2}.$$

Substituirt man diese Werthe in die obigen Formeln und formirt die Bedingungsgleichung, so ergiebt sich

$$\mu\left[lwk + \int_0^a 2b\left(2x - \frac{x\sqrt{(r^2-x^2)}}{r}\right)dx\right.$$

$$\left.-2\int_0^a b\left(2x - \frac{x\sqrt{(r^2-x^2)}}{r} - r\operatorname{arc}\left(\sin = \frac{x}{r}\right)\right)dx\right]$$

$$> \int_0^a b\left(2\sqrt{(r^2-x^2)} - \frac{r^2-x^2}{r}\right)dx$$

$$+ \int_0^a b\left(\frac{r^2-x^2}{r} + r - 2\sqrt{(r^2-x^2)}\right)dx,$$

oder mit Uebergehung der gleichen Glieder, die sich gegenseitig heben

$$\mu\left[lwk+2b\int_0^a \operatorname{arc}\left(\sin = \frac{x}{r}\right)dx\right] > \int^a brdx.$$

Man löse die Integrale und bezeichne den Kubikinhalt des Viertelgewölbes mit Q, so folgt

$$\mu\,[lwk+Q] > bra$$

oder auch

$$w > \frac{bra-\mu Q}{\mu lk}.$$

Man hätte auf dieses Resultat viel leichter auch auf folgende Weise gelangen können. Nach §. 19. stellt sich die nach horizontaler Richtung wirkende Kraft jedes Kreisbogens ganz abgesehen von seiner Länge auf br, welches die Scheitelspannung ist; demnach übt die Kappe AOC in einer Länge $FO = a$ einen horizontalen Druck $= bra$ aus. Da aufserdem der Druck auf die Widerlage ohne weitere Untersuchung $= lwk + Q$ ist, so erhält man unmittelbar die Bedingungsgleichung

$$\mu[lwk+Q] > bra.$$

Nach dieser Formel hängt zunächst unter sonst gleichen Bedingungen das gröfsere oder geringere Bestreben eines Kreuzgewölbes zum Ausgleiten von dem geringern oder gröfsern Werthe von Q im Verhältnisse zu bra ab. Um dieses näher kennen zu lernen, sei zum Anschlusse an das Frühere a unveränderlich und die Höhe H des äufsersten Bogens auf AB variire, so findet man

1) bei $H = a$, $Q = 1{,}1416\,ba^2$, $bra = ba^2$,
2) bei $H = 0{,}8\,a$, $Q = 1{,}1263\,ba^2$, $bra = 1{,}025\,ba^2$,
3) bei $H = 0{,}6\,a$, $Q = 1{,}0875\,ba^2$, $bra = 1{,}1667\,ba^2$,
4) bei $H = 0{,}4\,a$, $Q = 1{,}0637\,ba^2$, $bra = 1{,}45\,ba^2$.

Flachere Kreuzgewölbe haben wie flachere Tonnengewölbe ein gröfseres Bestreben zum Ausgleiten. — Der Unterschied zwischen diesem Gewölbe und dem Tonnengewölbe tritt am deutlichsten hervor, wenn man $k = 0$ setzt, dann verlangten bei

$H = a$ die letztern $\mu > \frac{2}{\pi}$, das erstere erfordert $\mu > \frac{1}{1,1416}$ oder $> 0{,}876$. Wenn es hiernach ein gröſseres Bestreben zum Ausgleiten hat, so liegt doch die Differenz hauptsächlich darin, daſs bei Tonnengewölben ein Hinderniſs längs der ganzen Widerlage angebracht werden kann, beim Kreuzgewölbe nur unmittelbar hinter den Graten, und auch hier nur mit gröſserer Mühe, meist durch eine wirklich aufgelegte Last wie des das Gewölbe schützenden Daches.

II. Zum Umsturz der Widerlage nach der Richtung AR wirken dieselben Kräfte, die vorher einzeln genannt wurden, nur an verschiedenen Hebelarmen. Zunächst lwk am Hebelarm $\frac{w}{2}$; dann die vertikale Kraft von beiden Bogen in $I =$ $2b\left\{2x - \frac{x\sqrt{(r^2 - x^2)}}{r}\right\} dx$ am Hebel $w - \frac{b}{2} + a - x$, die horizontale ebendaselbst vom Bogen

$$MI = b\left\{2\sqrt{(r^2 - x^2)} - \frac{r^2 - x^2}{r}\right\} dx$$

am Hebel $k - \sqrt{(r^2 - a^2)} + \sqrt{(r^2 - x^2)}$; ferner die vertikal zerlegten Normalkräfte vom Bogen

$$LI = \int_0^a 2br\left\{\int (1 - \cos\beta)\cos\beta d\beta\right\} dx$$

sämmtlich am Hebelarm $w - \frac{b}{2} + a - x$, dagegen jede Normalkraft vom Bogen MI vertikal zerlegt

$$= -2br(1 - \cos\beta)\cos\beta d\beta$$

am Hebel $w - \frac{b}{2} + a - r\sin\beta$ und horizontal zerlegt

$$= -2br(1 - \cos\beta)\sin\beta d\beta$$

am Hebel $k - \sqrt{(r^2 - a^2)} + r\cos\beta$; zuletzt muſs noch die Spannung in $FO = bra$ am Hebel $\frac{b}{2}$ überwunden werden. Die Zusammenstellung dieser verschiedenen Momente liefert zur Berechnung von w die Gleichung

$$lwk.\frac{w}{2}+\int_0^a 2b\left(2x-\frac{x\sqrt{(r^2-x^2)}}{r}\right)\left(w-\frac{b}{2}+a-x\right)dx+bra.\frac{b}{2}$$

$$=\int_0^a b\left(2\sqrt{(r^2-x^2)}-\frac{r^2-x^2}{r}\right)(k-\sqrt{(r^2-a^2)}+\sqrt{(r^2-x^2)})dx$$

$$+\int_0^a 2br\left[\int(1-\cos\beta)\cos\beta d\beta\right]\left(w-\frac{b}{2}+a-x\right)dx$$

$$+\int_0^a 2br\left[\int(1-\cos\beta)\cos\beta\left(w-\frac{b}{2}+a-r\sin\beta\right)d\beta\right]dx$$

$$+\int_0^a 2br\left[\int(1-\cos\beta)\sin\beta(k-\sqrt{(r^2-a^2)}+r\cos\beta)d\beta\right]dx,$$

worin die Integrale nach β innerhalb der oben angegebenen Grenzen genommen werden. Man lasse zunächst die Glieder fort, die sich gegenseitig zerstören und ziehe die andern zusammen, so vereinfacht sich die Gleichung in

$$lwk.\frac{w}{2}+\int_0^a 2b\left(2x-\frac{x\sqrt{(r^2-x^2)}}{r}\right)\left(w-\frac{b}{2}+a-x\right)dx+bra.\frac{b}{2}$$

$$=\int_0^a b\left(2\sqrt{(r^2-x^2)}-\frac{r^2-x^2}{r}\right)(k-\sqrt{(r^2-a^2)}+\sqrt{(r^2-x^2)})dx$$

$$+\int_0^a 4br\left[\int(1-\cos\beta)\cos\beta d\beta\right]\left(w-\frac{b}{2}+a\right)dx$$

$$-\int_0^a 2br\left[\int(1-\cos\beta)\cos\beta d\beta\right]xdx$$

$$+\int_0^a 2br\left[\int(1-\cos\beta)\sin\beta d\beta\right](k-\sqrt{(r^2-a^2)})\,dx.$$

Es ist aber wieder

$$\int(1-\cos\beta)\cos\beta d\beta=\frac{x}{r}-\frac{\frac{1}{2}x\sqrt{(r^2-x^2)}}{r^2}-\tfrac{1}{2}\operatorname{arc}\left(\sin=\frac{x}{r}\right)$$

und

$$\int(1-\cos\beta)\sin\beta d\beta=-\frac{\sqrt{(r^2-x^2)}}{r}+\tfrac{1}{2}\frac{r^2-x^2}{r^2}+\tfrac{1}{2};$$

substituirt man diese Werthe und zieht die Glieder abermals zusammen, so wird

$$lwk.\frac{w}{2}+\int 2br\operatorname{arc}\left(\sin=\frac{x}{r}\right)\left(w-\frac{b}{2}+a\right)dx+bra.\frac{b}{2}$$

$$= \int br(k - \sqrt{(r^2 - a^2)})\,dx + \int brx \operatorname{arc}\left(\sin = \frac{x}{r}\right) dx$$
$$+ \int br(2r - \sqrt{(r^2 - x^2)})\,dx.$$

Hierin hat man

$$\int \operatorname{arc}\left(\sin = \frac{x}{r}\right) dx = x \operatorname{arc}\left(\sin = \frac{x}{r}\right) + \sqrt{(r^2 - x^2)} + \text{Const.}$$
$$= a \operatorname{arc}\left(\sin = \frac{a}{r}\right) + \sqrt{(r^2 - a^2)} - r,$$
$$\int br\,dx\,(k - \sqrt{(r^2 - a^2)}) = bra(k - \sqrt{(r^2 - a^2)}),$$
$$\int x \operatorname{arc}\left(\sin = \frac{x}{r}\right) dx$$
$$= \tfrac{1}{2}x^2 \operatorname{arc}\left(\sin = \frac{x}{r}\right) + \tfrac{1}{4}x\sqrt{(r^2 - x^2)} - \tfrac{1}{4}r^2 \operatorname{arc}\left(\sin = \frac{x}{r}\right) + \text{Const.}$$
$$= \tfrac{1}{2}a^2 \operatorname{arc}\left(\sin = \frac{a}{r}\right) + \tfrac{1}{4}a\sqrt{(r^2 - a^2)} - \tfrac{1}{4}r^2 \operatorname{arc}\left(\sin = \frac{a}{r}\right) \text{ und}$$
$$\int (2r - \sqrt{(r^2 - x^2)})\,dx$$
$$= 2rx - \tfrac{1}{2}r^2 \operatorname{arc}\left(\sin = \frac{x}{r}\right) - \tfrac{1}{2}x\sqrt{(r^2 - x^2)} + \text{Const.}$$
$$= 2ra - \tfrac{1}{2}r^2 \operatorname{arc}\left(\sin = \frac{a}{r}\right) - \tfrac{1}{2}a\sqrt{(r^2 - a^2)}.$$

Diese Werthe in die vorstehende Gleichung gesetzt, geben nach den erforderlichen Reduktionen und unter Einführung von Q statt $2bar \operatorname{arc}\left(\sin = \frac{a}{r}\right) + 2br\sqrt{(r^2 - a^2)} - 2br^2$

$$lwk \cdot \frac{w}{2} + Q\left(w - \frac{b}{2} + a\right) + bra \cdot \frac{b}{2}$$
$$= bra \cdot k + 2br^2a - br(\tfrac{3}{4}r^2 - \tfrac{1}{2}a^2) \operatorname{arc}\left(\sin = \frac{a}{r}\right) - \tfrac{5}{4}bra\sqrt{(r^2 - a^2)},$$

wonach w berechnet werden kann. Für den Fall, daſs $a = r$ ist, nimmt die Gleichung die einfachere Form an

$$lwk \cdot \frac{w}{2} + Q\left(w - \frac{b}{2} + a\right) + br^2 \cdot \frac{b}{2} = br^2k + 2br^3 - \tfrac{1}{4}br^3\,\frac{\pi}{2}.$$

Damit man eine leichtere Vergleichung mit dem Tonnengewölbe erhalte, ruhe das Gewölbe auf einer ununterbrochenen Wand, so ist $l = a + \frac{b}{2}$ und die letzte Gleichung giebt

1) bei $a = r = 10$, $H = 10$, $b = 2$, $l = 11$
   für $k = 10$, $w = -2{,}0756 + \sqrt{58{,}1381} = 5{,}548$,
   für $k = \infty$, $w = \sqrt{36{,}3636} = 6{,}030$;

2) bei $b = 1$ und den übrigen Angaben
   für $k = 10$, $w = -1{,}0872 + \sqrt{29{,}2349} = 4{,}320$,
   für $k = \infty$, $w = \sqrt{19{,}0476} = 4{,}364$;

3) bei $a = 10$, $H = 6$, $b = 2$, $l = 11$, wo $r = 11\frac{1}{3}$ ist, erhält man
   für $k = 10$, $w = -1{,}9773 + \sqrt{50{,}7084} = 5{,}144$,
   für $k = \infty$, $w = \sqrt{41{,}2121} = 6{,}420$.

Will man nach dem vorigen §. die Last der halben Kappe AOH auf die Widerlage verlegen, so fällt im vordern Theile der obigen Gleichung $\int_0^a b\left(2x - \frac{x\sqrt{(r^2-x^2)}}{r}\right)\left(w - \frac{b}{2} + a - x\right)dx$, im hintern $\int_0^a 2br\left[\int(1-\cos\beta)\cos\beta d\beta\right]\left(w - \frac{b}{2} + a - x\right)dx$ fort, dagegen kommt vorn $\frac{Q}{2}\left(w - \frac{b}{2}\right)$ hinzu. Unter dieser Bedingung verwandelt sich die Gleichung in

$$lwk \cdot \frac{w}{2} + Q\left(w - \frac{b}{2} + \frac{a}{2}\right) + bra \cdot \frac{b}{2}$$

$$= bra \cdot k + 2br^2 a - \tfrac{1}{2} br^3 \operatorname{arc}\left(\sin = \frac{a}{r}\right) - \tfrac{3}{2} bra \sqrt{(r^2 - a^2)}.$$

Bei $k = 10$, denn bei $k = \infty$ ist kein Unterschied vorhanden, erhält man in den obigen Beispielen folgende Werthe

1) $w = -2{,}0756 + \sqrt{64{,}5975} = 5{,}971$,
2) $w = -1{,}0872 + \sqrt{32{,}6273} = 4{,}614$,
3) $w = -1{,}9773 + \sqrt{57{,}9334} = 5{,}634$,

also eine etwa um $\frac{1}{10}$ stärkere Widerlage.

Die Vergleichung der vorstehenden Resultate mit den beim Tonnengewölbe gefundenen zeigt, daſs die Kreuzgewölbe nur eine um weniges stärkere Widerlage gegen den Umsturz verlangen, was hauptsächlich in der geringern Masse dieser Gewölbe seinen Grund hat. Die Hauptdifferenz zwischen beiden Gewölben liegt aber darin, dafs das zuletzt untersuchte seinen ganzen Angriff auf A concentrirt und demnach grade an dieser Stelle besondere Mafsregeln zur Sicherung erfordert. Wenn A nur ein Pfeiler mit geringerer Breite ist, so mufs in entsprechendem Mafse seine Stärke wachsen. Bei gröfsern Gewölben wird man dann kaum die nothwendige Stärke anders beschränken können, als dafs man durch eine Last von oben her die Schwere der Widerlage vergröfsert. Doch bieten diese Gewölbe von einer andern Seite einen Vortheil dar. Da nämlich die Bogen in den Kappen nach O hin immer kleiner werden und damit die übrigen gefährlichen Umstände der Kreisbogen fortfallen, so kann man ohne Nachtheil die Dicke des Gewölbes verringern, namentlich wenn man zwischen je zwei Gewölbe einen stärkern Zwischenbogen legt, der gleichsam die Stelle der Rippen beim Tonnengewölbe vertritt. Ich werde demnach auch für diesen Fall die nöthigen Formeln entwickeln.

§. 40.

Die Stärke der Widerlage bei einem Kreuzgewölbe mit Zwischenbogen.

Wenn in eine fortlaufende Reihe einzelner Kreuzgewölbe zwischen je zwei ein Zwischenbogen von einer Dicke $= B$, einer Breite oder Länge $= 2L$ und vom mittlern Radius $R = r + \frac{B-b}{2}$ eingefügt wird, so bestehen

I. In Bezug auf das Ausgleiten der Widerlage zunächst die im vorigen §. aufgeführten Kräfte und aufserdem nach §. 19. die horizontal wirkende Kraft LBR und der Druck

$$= LBR \operatorname{arc}\left(\sin = \frac{A}{R}\right) = Q',$$

insofern man die letzte halbe Sehne des Zwischenbogens mit

A und die Hälfte seines Gewichts auf die Breite L mit Q' bezeichnet. Durch Hinzufügung dieser neuen Kräfte ändert sich die Bedingungsgleichung in

$$\mu\,[lwk+Q+Q'] > bra+BRL.$$

II. Der Umsturz der Widerlage hängt ebenfalls zunächst von den im vorigen §. aufgezählten Momenten ab, worin nur das Moment der Fugenöffnung wegen veränderten Stützpunktes aus $bra.\frac{b}{b}$ in $bra\left(B-\frac{b}{2}\right)$ übergeht. Der Zwischenbogen giebt aufserdem nach §. 19. mit der dortigen Bezeichnungsweise folgende Momente: aus der vertikal zerfällten Endspannung $T_{(\alpha)}\sin\alpha\left(w-\frac{B}{2}\right)$, aus derselben horizontal zerfällt $T_{(\alpha)}\cos\alpha.k$, aus den vertikalen Normalkräften

$$-\int N\cos\alpha\left(w-\frac{B}{2}+G-R\sin\alpha\right),$$

aus den horizontalen

$$-\int N\sin\alpha\,(k+H-R+R\cos\alpha)$$

und aus der Fugenspannung $LBR.\frac{B}{2}$. Diese Kräfte zusammen liefern als Momente nach innen $Q'\left(w-\frac{B}{2}\right)+LBR.\frac{B}{2}$, nach aufsen $LBR.k+LBR^2(2-\cos\alpha-\alpha\sin\alpha)$, worin $\alpha=\text{arc}\left(\sin=\frac{A}{R}\right)$, $\sin\alpha=\frac{A}{R}$ und $\cos\alpha=\frac{\sqrt{(R^2-A^2)}}{R}$ ist; folglich stellen sich die letztern Momente auf $LBR.k+2LBR^2-LBR\sqrt{(R^2-A^2)}-Q'A$ und man erhält mit Hinzunahme der frühern Gleichung

$$lwk.\frac{w}{2}+Q\left(w-\frac{b}{2}+a\right)+Q'\left(w-\frac{B}{2}+A\right)+bra\left(B-\frac{b}{2}\right)+BRL.\frac{B}{2}$$
$$=bra.k+BRL.k+2br^2a+2BR^2L-br(\tfrac{3}{4}r^2-\tfrac{1}{2}a^2)\text{arc}\left(\sin=\frac{a}{r}\right)$$
$$-\tfrac{5}{4}bra\sqrt{(r^2-a^2)}-BRL\sqrt{(R^2-A^2)},$$

worin nur für l der entsprechende Werth gesetzt werden mufs. Beispiele füge ich nicht weiter bei, da die Vergleichung mit dem mit Rippen versehenen Tonnengewölbe zu nahe liegt.

B. Mit Spitzbogen.

§. 41.

Vertheilung der Kräfte.

Soll ein Kreuzgewölbe mit Spitzbogen oder ein gothisches Kreuzgewölbe ausgeführt werden, so werden über dem Quadrate $ABCD$ (Fig. 23.) auf AB und CD, ebenso auf AC und DB Spitzbogen errichtet, die immer kleiner werdend sich in O treffen; die Kappen AOB, AOC u. s. w. sind hier ebenfalls Theile von Tonnengewölben, die nur mit einem gröfsern Radius als AH beschrieben sind und daher in einer Spitze zusammenstofsen. Man nehme an, die sämmtlichen Bogen seien mit einem mittlern Radius $= r$ ausgeführt und schliefsen an der Spitze einen Winkel $= 2\alpha_1$ ein, so liefse sich die mittlere Fläche einer Kappe wie in §. 38. berechnen, indem man zuerst die vollständige Form für Rundbogen ermittelte und davon den Theil abzöge, welcher durch das schnellere Aneinanderstofsen der Cylinderflächen fortfällt; indefs scheint es mir hier sowohl der Abwechslung, als auch der Kürze und des Folgenden wegen bequemer zu sein, lieber die Endwinkel beizubehalten, bis auf welche die einzelnen Spitzbogen an den Graten AD und CD herabgehen. Setzt man diese Endwinkel, die ganz nach der frühern Weise bestimmt werden, $= \alpha$, so ist das Flächenelement EGF einer Kappe $= 2r(\alpha - \alpha_1)d.OG$, oder da $OG =$ Sehne $EG = r\sin\alpha - r\sin\alpha_1$ und $d.OG = r\cos\alpha d\alpha$ ist, so kommt das Element auf $2r^2(\alpha - \alpha_1)\cos\alpha d\alpha$, sein kubischer Inhalt durch Reduktion der ganzen Dicke $= b$ auf die mittlere Fläche auf $2br^2(\alpha - \alpha_1)\cos\alpha d\alpha$, und man erhält die Kappe $= \int 2br^2(\alpha - \alpha_1)\cos\alpha d\alpha$, genommen von $\alpha = \alpha_1$ bis $\alpha = \alpha$ dem Winkel, mit welchem der letzte Spitzbogen auf AB endet. Nun ist

$$\int_{\alpha_1}^{\alpha} 2br^2(\alpha - \alpha_1)\cos\alpha d\alpha$$

$$= 2br^2\int \alpha\cos\alpha d\alpha - 2br^2\int \alpha_1\cos\alpha d\alpha$$

$$= 2br^2[\alpha\sin\alpha + \cos\alpha - \alpha_1\sin\alpha_1 - \cos\alpha_1 - \alpha_1\sin\alpha + \alpha_1\sin\alpha_1]$$

$$= 2br^2[(\alpha - \alpha_1)\sin\alpha + \cos\alpha - \cos\alpha_1];$$

dies giebt bei $\alpha = 90^{\circ}$, welchen Fall ich bei den folgenden Berechnungen allein beachten werde, den kubischen Inhalt einer Kappe $= Q = 2br^2\left[\left(\frac{\pi}{2} - \alpha_1\right) - \cos\alpha_1\right]$. — Was die Grate betrifft, so bilden sie wieder elliptische Bogen, deren Axen sich ganz wie beim Rundbogen bestimmen lassen; ich übergehe daher das Weitere und erörtere noch das Allgemeine über die Vertheilung der Kräfte. Nach dem, was beim vorigen Kreuzgewölbe angegeben wurde, soll hier ebenfalls nur ein Ausweichen der Widerlagen nach einer Richtung z. B. in A nach AR zugelassen und demnach der ganze Hergang wieder so betrachtet werden, dafs die Kappen AOB und COD und mit ihnen die Grate in ihrer Form verharren, dagegen von COA und DOB die Kräfte ausgehen, welche das ganze Gewölbe aus einander treiben. Nun haben wir aber oben bei der Untersuchung über den freien Spitzbogen gefunden, dafs auf den obern Theil desselben bis auf einen Winkel α', der durch $\cos\alpha' = \frac{1}{2}\cos\alpha_1$ bestimmt wird, die Normalkräfte von aufsen nach innen wirken und deshalb diesen ganzen Bogen als eine feste, gleichsam solide Masse zusammenhalten, die eine eigene Behandlung erfordert. Es sei in der Figur $LIMK$ der mittlere Theil des ganzen Kreuzgewölbes, welcher innerhalb des Winkels α' liegt, indem nämlich die letzten Bogen LI, IK u. s. w. mit dem Winkel α' endigen, ferner seien auf dem noch übrigen Theile der Kappen $PLNI$, $IKWX$ u. s. w. die Abschnitte, welche sich ebenfalls innerhalb des Winkels α' befinden, so ist so viel natürlich, dafs dieses ganze Feld des Gewölbes auch beim Ausweichen der Widerlagen nicht aus seiner Form kommen kann, da es eben durch die Normalkräfte zusammengehalten wird. Die beweglichen Steine sind demnach die Ecken $NIAW$ bei A und die andern ebenso bei B, C, D; könnte sich also die Widerlage nach OA bewegen, so würde die eigentliche Trennung bei A nur in den Linien NI und IW vor sich gehen. Gestattet man dagegen der Widerlage allein ein Ausrücken nach AR zu, so wird sich das Feld

ANI ausdehnen und der obere Theil *PLNI* niedersinken. Da nun die Kappe *AOB* nicht aus ihrer Lage kommen soll, zum Sinken von *PLNI* jedoch auch ein Sinken des Theils *LIO* nothwendig ist, so mufs beim Ausweichen der Widerlage durchaus ein Querbruch im Gewölbe statt finden und somit der Zusammenhang der Steine irgendwo vernichtet werden. Die Stelle für einen solchen Bruch läfst sich schwer angeben, ebenso wenig die dazu erforderliche Kraft in Anschlag bringen; ich nehme daher den mifslichsten Fall, der das Ausweichen der Widerlage am meisten begünstigt, und lasse die Kappen *AOB* und *COD* in *IK* und *LM* getrennt sein, so dafs das ganze mittlere Stück *LMIK* mit dem Theile *PLNI* verbunden bleibt und mit ihm zu sinken vermag. Dies giebt auf *NI* einen Druck von *QSNI* und *SOIV* zusammen. Da diese Stücke öfters vorkommen werden, so mag das erste mit q', das andere mit K' bezeichnet werden. Der kubische Inhalt von q' ist unmittelbar $= br\left(\frac{\pi}{2} - \alpha'\right)(r - r\sin\alpha')$, und den Inhalt von K' findet man, wenn man in die obige allgemeine Formel zur Berechnung der Kappe $\alpha = \alpha'$ setzt, also

$$K' = 2br^2[(\alpha' - \alpha_1)\sin\alpha' + \cos\alpha' - \cos\alpha_1]$$
$$= 2br^2[(\alpha' - \alpha_1)\sin\alpha' - \cos\alpha'],$$

da $\cos\alpha_1 = 2\cos\alpha'$ ist. Alles Uebrige unterliegt bei den vorstehenden Annahmen keinen weitern Schwierigkeiten.

§. 42.

Die Stärke der Widerlage bei einem spitzbogigen Kreuzgewölbe.

1. Was das Ausgleiten der Widerlage betrifft, so lehren die Untersuchungen über den freien Spitzbogen, dafs derselbe, ganz abgesehen von seiner Länge, die nur über α' gehen mufs, nach jeder Seite einen horizontalen Druck gleich seiner hal-

ben Schwere bis α' multiplicirt mit ctg α' hervorbringt; demnach bringt jeder einzelne Bogen von dem Kappentheil $CLAI$, dessen Breite $r\cos\alpha d\alpha$ beträgt, einen Druck auf A nach AR $= br(\alpha'-\alpha_1)\operatorname{ctg}\alpha'.r\cos\alpha d\alpha$ hervor und der ganze Theil einen Druck $= \int br^2(\alpha'-\alpha_1)\operatorname{ctg}\alpha'\cos\alpha d\alpha$, genommen von $\alpha = \alpha'$ bis $\alpha = \alpha$ dem Endwinkel des letzten Bogens auf AC; dies Integral giebt den Werth $br^2(\alpha'-\alpha_1)\operatorname{ctg}\alpha'(\sin\alpha - \sin\alpha')$, also bei $\alpha = 90^\circ$ den Werth $br^2(\alpha'-\alpha_1)\operatorname{ctg}\alpha'(1-\sin\alpha')$ $= q'\operatorname{ctg}\alpha'$. Aufserdem entsteht von $SOIV$ oder K' ein horizontaler Druck $= K'\operatorname{ctg}\alpha'$ und somit ist der ganze Druck auf A nach $AR = (q'+K')\operatorname{ctg}\alpha'$. Die Widerlage in A wird aber senkrecht nach unten durch ihr eigenes Gewicht $= lwk$ (nach den frühern Bezeichnungen) und bis $\alpha = 90^\circ$ durch eine Kappe $= 2br^2\left[\left(\frac{\pi}{2}-\alpha_1\right)-\cos\alpha_1\right] = Q$ gedrückt; soll demnach kein Ausgleiten statt finden, so mufs

$$\mu[wlk+Q] > (q'+K')\operatorname{ctg}\alpha'$$

sein, oder

$$w > \frac{(q'+K')\operatorname{ctg}\alpha' - \mu Q}{\mu lk}.$$

Nach dieser Formel hängt bei sonst gleichen Verhältnissen ähnlich wie §. 39. das gröfsere oder geringere Bestreben des Gewölbes zum Ausgleiten von dem geringern oder gröfsern Verhältnisse von Q zu $(q'+K')\operatorname{ctg}\alpha'$ ab. Man setze $\alpha_1 = 30^\circ$, so ist $\alpha' = 64^\circ\, 20\frac{1}{2}'$, $Q = 0{,}3624br^2$, $K' = 0{,}2145br^2$, $q' = 0{,}0591br^2$, $q'+K' = 0{,}2736br^2$ und $(q'+K')\operatorname{ctg}\alpha' =$ $0{,}1314br^2$; hiernach stellt sich das Verhältnifs von $(q'+K')\operatorname{ctg}\alpha'$ $: Q$ wie $1314 : 2736$ oder wie $1 : 2{,}758$, also viel vortheilhafter dar als das Verhältnifs beim Kreuzgewölbe mit Rundbogen, wo es wie $1 : 1{,}1416$ war. Um sich noch mehr von dem hier vorliegenden Thatbestande zu überzeugen, setze man $k = 0$, also

$$\mu Q > (q'+K')\operatorname{ctg}\alpha';$$

dies giebt

$$\mu > \frac{(q'+K')\,\mathrm{ctg}\,\alpha'}{Q},$$

und nach dem vorstehenden Beispiele

$$\mu > 0{,}363,$$

was einen Werth liefert, den μ in der Wirklichkeit leicht übertreffen kann, und zwar um so leichter, als dabei noch das Vorhandensein des günstigsten Querbruchs vorausgesetzt wird.

II. Beim Umsturz der Widerlage sind, sofern die äufsersten Bogen bis auf $\alpha = 90^0$ gehen, folgende Kräfte thätig und wirken an folgenden Hebelarmen. Nach innen treiben erstens das Gewicht der Widerlage $= lwk$ am Hebel $\frac{w}{2}$, zweitens die vertikal zerlegten Endspannungen vom Theile $QSIA$; jede $= T_{(\alpha)} \sin\alpha . r \cos\alpha d\alpha$ am Hebelarm $w - \frac{b}{2} + r - r\sin\alpha$, drittens die vertikal zerfällten Normalkräfte vom Theile $QSNI$, zusammen $= \int_{\alpha_1}^{\alpha'} N\cos\alpha\,(r - r\sin\alpha')$ sämmtlich am Hebel $w - \frac{b}{2} + r - r\sin\alpha'$, viertens der Druck von der Kappe K' an einem gleich langen Hebel, fünftens jeder einzelne Bogen von $IVAH = br(\alpha - \alpha_1)\, r\cos\alpha d\alpha$ am Hebel $w - \frac{b}{2} + r - r\sin\alpha$, endlich noch die Spannung in den Fugen längst $NI = T_{(\alpha')}(r - r\sin\alpha')$ am Hebel $\frac{b}{2}$. Nach aufsen treiben dagegen die horizontalen Endspannungen von $QSIA$, jede $= T_{(\alpha)} \cos\alpha . r\cos\alpha d\alpha$ am Hebel $k + r\cos\alpha$, der Seitendruck der vertikalen Normalkräfte von $QSNI$ am Hebel $k + r\cos\alpha'$, dann die Normalkräfte N von NIA, nämlich jede vertikal zerlegt am Hebel $w - \frac{b}{2} + r - r\sin\beta$, wo β zwischen $\alpha = \alpha'$ und $\alpha = \alpha$ variirt, horizontal zerlegt am Hebel $k + r\cos\beta$, endlich der Horizontaldruck von K' am Hebel $k + r\cos\alpha'$. Stellt man diese Momente zusammen, so erhält man die Gleichung:

$$lwk.\frac{w}{2}+\int_{\alpha'}^{90} T_{(\alpha)}\sin\alpha\left(w-\frac{b}{2}+r-r\sin\alpha\right)r\cos\alpha d\alpha$$

$$+\int_{\alpha_1}^{\alpha'} N\cos\alpha(r-r\sin\alpha')\left(w-\frac{b}{2}+r-r\sin\alpha'\right)$$

$$+\int_{\alpha'}^{90} br(\alpha-\alpha_1)\left(w-\frac{b}{2}+r-r\sin\alpha\right)r\cos\alpha d\alpha$$

$$+T_{(\alpha')}(r-r\sin\alpha').\frac{b}{2}+K'\left(w-\frac{b}{2}+r-r\sin\alpha'\right)$$

$$=\int_{\alpha_1}^{\alpha'} N\cos\alpha(r-r\sin\alpha')\operatorname{ctg}\alpha'(k+r\cos\alpha')$$

$$+\int_{\alpha'}^{90} T_{(\alpha)}\cos\alpha(k+r\cos\alpha)r\cos\alpha d\alpha$$

$$-\int_{\alpha'}^{90}\left[\int_{\alpha'}^{\alpha} N\cos\beta\left(w-\frac{b}{2}+r-r\sin\beta\right)\right]r\cos\alpha d\alpha$$

$$-\int_{\alpha'}^{90}\left[\int_{\alpha'}^{\alpha} N\sin\beta(k+r\cos\beta)\right]r\cos\alpha d\alpha+K'\operatorname{ctg}\alpha'(k+r\cos\alpha').$$

Zunächst heben sich die beiden Glieder $\int N\cos\beta.r\sin\beta$ und $-\int N\sin\beta.r\cos\beta$; setzt man ferner

$$T_{(\alpha)}\sin\alpha = br(\cos\alpha_1-\cos\alpha)\sin\alpha,$$

$$T_{(\alpha)}\cos\alpha = br(\cos\alpha_1-\cos\alpha)\cos\alpha,$$

$$\int_{\alpha_1}^{\alpha'} N\cos\alpha = br[(\alpha'-\alpha_1)-\sin\alpha'\cos\alpha'],$$

$$\int_{\alpha'}^{\alpha} N\cos\beta = br(\sin\alpha\cos\alpha+(\alpha-\alpha')-\cos\alpha_1\sin\alpha+\sin\alpha'\cos\alpha')$$

und

$$\int_{\alpha'}^{\alpha} N\sin\beta = br(-\cos^2\alpha+\cos\alpha_1\cos\alpha-\cos^2\alpha'),$$

so geben zunächst die Glieder, welche den Faktor $w-\frac{b}{2}+r$ enthalten und worin die Integrale von $\alpha = \alpha'$ bis $\alpha = 90^\circ$ genommen werden, nach vorn gesetzt den Werth

$$\int_{\alpha'}^{90} br^2(2\alpha-(\alpha'+\alpha_1)+\sin\alpha'\cos\alpha')\cos\alpha d\alpha\left(w-\frac{b}{2}+r\right)$$

$$= br^2[\pi-2\alpha'\sin\alpha'-2\cos\alpha'$$

$$-(\alpha'+\alpha_1-\sin\alpha'\cos\alpha')(1-\sin\alpha')]\left(w-\frac{b}{2}+r\right),$$

dazu kommt

$$\int_{\alpha_1}^{\alpha'} N\cos\alpha(r-r\sin\alpha')\left(w-\frac{b}{2}+r\right)$$

$$= br^2[(\alpha'+\alpha_1)-\sin\alpha'\cos\alpha'](1-\sin\alpha')\left(w-\frac{b}{2}+r\right)$$

und

$$K'\left(w-\frac{b}{2}+r\right) = 2br^2[(\alpha'-\alpha_1)\sin\alpha'-\cos\alpha']\left(w-\frac{b}{2}+r\right),$$

also zusammen

$$2br^2\left[\left(\frac{\pi}{2}-\alpha_1\right)-2\cos\alpha'\right]\left(w-\frac{b}{2}+r\right) = Q\left(w-\frac{b}{2}+r\right).$$

Setzt man ebenso die Glieder, welche den Faktor k enthalten, auf die hintere Seite der Gleichung, so geben

$$\int_{\alpha'}^{90} T_{(\alpha)}\cos\alpha . r\cos\alpha d\alpha . k \quad \text{und} \quad \int_{\alpha'}^{90}\left[\int_{\alpha'}^{\alpha} N\sin\beta\right] r\cos\alpha d\alpha . k$$

zusammen

$$\int_{\alpha'}^{90} br^2\cos^2\alpha'\cos\alpha d\alpha . k = br^2\cos^2\alpha'(1-\sin\alpha')k;$$

dazu kommt

$$\int_{\alpha_1}^{\alpha'} N\cos\alpha(r-r\sin\alpha')\operatorname{ctg}\alpha' . k \quad \text{und} \quad K'\operatorname{ctg}\alpha' . k,$$

also mit einander nach Substitution der oben gegebenen Werthe $(q'+K')\operatorname{ctg}\alpha' . k$. Werden drittens die übrigen Integrale von $\alpha = \alpha'$ bis $\alpha = 90^0$ auf der vordern Seite vereinigt, so erhält man

$$\int_{\alpha'}^{90} br^3(-\cos\alpha_1+\cos\alpha-(\alpha-\alpha_1)\sin\alpha)\cos\alpha d\alpha$$

$$= br^3\Big(-\cos\alpha_1+\cos\alpha_1\sin\alpha'-\tfrac{1}{4}\sin\alpha'\cos\alpha'+\tfrac{1}{4}\left(\frac{\pi}{2}-\alpha'\right)$$
$$-\tfrac{1}{2}(\alpha'-\alpha_1)\cos^2\alpha'\Big);$$

dazu kommt

$$-\int_{\alpha_1}^{\alpha'} N\cos\alpha(r-r\sin\alpha')\operatorname{ctg}\alpha' . r\cos\alpha'$$

$$= br^3(1-\sin\alpha')\left(\frac{\alpha'-\alpha_1}{\sin\alpha'}-\cos\alpha'\right),$$

zieht man diese Werthe zusammen und fügt die übrigen noch vorhandenen Glieder bei, so nimmt die ganze Gleichung die Form an

$$lwk \cdot \frac{w}{2} + Q\left(w - \frac{b}{2} + r\right) + T_{(\alpha')}(r - r\sin\alpha') \cdot \frac{b}{2}$$

$$= (q' + K')\operatorname{ctg}\alpha' . k + \frac{q' + K'}{\sin\alpha'} . r + br^3(1 - \sin\alpha')\cos\alpha'$$

$$+ br^3\left(\tfrac{1}{4}\sin\alpha'\cos\alpha' - \tfrac{1}{4}\left(\frac{\pi}{2} - \alpha'\right) + \tfrac{1}{2}(\alpha' - \alpha_1)\cos^2\alpha'\right),$$

woraus w berechnet werden kann. Um ein Beispiel zu geben, stütze sich das Kreuzgewölbe auf eine fortlaufende Mauer und habe eine mittlere Spannweite $= 10$, ferner sei $\alpha_1 = 30^0$, $r = 20$, $l = 10 + \frac{b}{2} = 11$, $b = 2$, so ist $\alpha' = 64^0\,20\frac{1}{2}'$, $Q = 289{,}92$, $K' = 171{,}616$, $q' = 47{,}280$, $T_{(\alpha')}(r - r\sin\alpha') = 34{,}158$, $(q' + K')\operatorname{ctg}\alpha' = 105{,}151$ und man erhält

1) für $k = 10$, $w = -2{,}6356 + \sqrt{38{,}2200} = 3{,}544$,

2) für $k = \infty$, $w = \sqrt{19{,}1184} = 4{,}372$.

Dieses Resultat mit dem ähnlichen beim freien Spitzbogen verglichen zeigt auch hier bei $k = 10$ eine etwas stärkere Widerlage an, als wenn der Raum mit einer ununterbrochenen Spitzbogenwölbung bedeckt worden wäre (§. 39.), doch darf hierbei nicht aufser Acht gelassen werden, dafs zu diesem gröfsern Resultate besondere Umstände hinzukommen müssen; fallen diese fort, so wird die erforderliche Stärke der Widerlage geringer.

§. 13.

Die Stärke der Widerlage bei einem gothischen Kreuzgewölbe mit Zwischenbogen.

Wenn sich zwischen je zwei Kreuzgewölben ein Zwischenbogen von einer Dicke $= B$, einer Breite $= 2L$ und einem mittlern Radius $= R$ befindet, dessen Spitze ebenfalls einen Winkel $= 2\alpha_1$ einschliefst, so hat man ganz ähnlich wie in §. 40. noch die Glieder hinzuzufügen, die von der Hälfte dieses Bogens, dessen Gewicht auf die Breite L von $\alpha = \alpha_1$ bis $\alpha = 90^0$ mit P und bis $\alpha = \alpha'$ mit p' bezeichnet werde, herkommen. Mit Berücksichtigung der Untersuchungen über den freien Spitzbogen erhält man

I. in Betreff des Ausgleitens der Widerlage noch den Druck P, dagegen auch die neue horizontale Kraft $p' \operatorname{ctg} \alpha'$; hiermit ändert sich die Bedingungsgleichung in

$$\mu[lwk + Q + P] > (q' + K' + p') \operatorname{ctg} \alpha'$$

oder

$$w > \frac{(q' + K' + p') \operatorname{ctg} \alpha' - \mu Q - \mu P}{\mu l k}.$$

II. Beim Umsturz der Widerlage geht vorerst das schon vorhandene Glied $T_{(\alpha')}(r - r \sin \alpha') \frac{b}{2}$ in $T_{(\alpha_1)}(r - r \sin \alpha')\left(B - \frac{b}{2}\right)$ über; dann treten hinzu als erhaltende Momente $P\left(w - \frac{b}{2} + R\right)$ und $T_{(\alpha')} . \frac{B}{2}$ oder $LBR \cos \alpha' . \frac{B}{2}$, als schädliche $p' \operatorname{ctg} \alpha' . k$ und $\left(LBR \cos \alpha' + \frac{p'}{\sin \alpha'}\right) R$. Somit ist die neue Gleichuug, wenn man in ihr für das frühere $T_{(\alpha')}$ der sicherern Bestimmung wegen seinen Werth $br \cos \alpha'$ substituirt,

$$lwk . \frac{w}{2} + Q\left(w - \frac{b}{2} + r\right) + P\left(w - \frac{b}{2} + R\right)$$
$$+ br^2 \cos \alpha' (1 - \sin \alpha')\left(B - \frac{b}{2}\right) + LBR \cos \alpha' . \frac{B}{2}$$
$$= (q' + K' + p') \operatorname{ctg} \alpha' . k + \frac{q' + K'}{\sin \alpha'} . r + \frac{p'}{\sin \alpha'} R + br^3 (1 - \sin \alpha') \cos \alpha'$$
$$+ LBR^2 \cos \alpha' + br^3 \left(\tfrac{1}{4} \sin \alpha' \cos \alpha' - \tfrac{1}{4}\left(\frac{\pi}{2} - \alpha'\right)\right.$$
$$\left. + \tfrac{1}{2}(\alpha' - \alpha_1) \cos^2 \alpha'\right).$$

Beispiele können auch hier füglich übergangen werden, da man ohnedies auf die Resultate leicht schliefsen kann. —

Stellt man zum Schlusse die Ergebnisse der Theorie bei beiden Arten von Kreuzgewölben einander gegenüber, so zeigt sich, dafs das gothische unter sonst gleichen Verhältnissen namentlich mit Rücksicht auf das Ausgleiten eine schwächere Widerlage erfordert als das mit Rundbogen ausgeführte; daraus ein Schlufs auf beide Bauarten abgeleitet vindicirt dem gothischen Style schlankere, leichtere Formen, dem Rundbogenstyle starke, mehr massenhafte Glieder. Auch ist noch zu beachten, dafs im Grunde genommen nur das gothische Kreuzgewölbe, sofern es nach einer Richtung gesichert ist, einen festen Schlufs in sich bildet, weshalb mir bei diesem Gewölbe der Spitzbogen eigentlich allein an seiner richtigen Stelle zu sein scheint.

V. Abschnitt.

Statik der Kuppelgewölbe.

§. 44.

Die Vertheilung der Kräfte bei einem Kuppelgewölbe.

Wenn ein Kuppelgewölbe von der Dicke $= b$ mit dem mittlern Radius $= r$ construirt ist und man das ganze Gewicht desselben in der mittlern Fläche vereinigt annimmt, so giebt die allgemeine Formel

$$N = dQ\cos\alpha - (\int dQ \sin\alpha)\,d\alpha \mp \frac{\frac{1}{2}S}{\sin\alpha_1}\,d\alpha$$

wie bisher die Gröfse der Normalkräfte an. Man zerlege sich

das ganze Gewölbe durch Schnitte gerichtet gegen die Axe OC (Fig. 24.) in einzelne Streifen, welche oben im Scheitel O spitz zulaufen, tiefer nach unten nach AE hin breiter werden, und sehe jeden solchen Streifen AEO als ein Kuppelelement an, in welchem für sich allein das Gleichgewicht hergestellt sein soll. Da die Breite dieser Streifen beliebig sein kann, so sei sie, auf der gröfsten Kreisfläche durch C in HG gemessen, $= rd\varphi$, dann erhält man $dQ = MNmn$, wo $\angle MCO$ nach der bisherigen Bezeichnungsweise $= \alpha$ gesetzt werde, $= Mm \times MN = brd\alpha \,.\, r\sin\alpha d\varphi = br\sin\alpha d\alpha \,.\, rd\varphi$. Die constante Gröfse $rd\varphi$ entspricht hierin ganz der beliebig gewählten Breite eines Bogens beim Tonnengewölbe und kann demnach ebenfalls ohne allen Nachtheil übergangen oder vielmehr $= 1$ gesetzt werden; so erhält man $dQ = br\sin\alpha d\alpha$. Ferner ist $\int dQ\sin\alpha$, genommen von $\alpha = 0$ bis $\alpha = \alpha$,

$$= \int br\sin^2\alpha d\alpha = -\tfrac{1}{2}br\sin\alpha\cos\alpha + \tfrac{1}{2}br\alpha,$$

und

$$\frac{\frac{1}{2}S}{\sin\alpha_1}d\alpha = \frac{\frac{1}{2}br\sin\alpha d\alpha}{\sin\alpha}d\alpha,$$

worin $\alpha = 0$ gesetzt werden mufs, also $= \frac{1}{2}brd\alpha^2$, eine unendlich kleine Gröfse zweiter Ordnung, die gegen die übrigen Glieder verschwindet. Stellt man die gefundenen Werthe zusammen, so bekommt man

$$N = br(\tfrac{3}{2}\sin\alpha\cos\alpha - \tfrac{1}{2}\alpha)d\alpha.$$

Im Scheitel O, wo $\alpha = 0$, ist $N = 0$; mit wachsendem α wird N positiv oder die Normalkräfte wirken von aufsen nach innen auf den Bogen, im weitern Verlaufe erlangen sie nach und nach einen kleinern Werth, bis sie bei α' wiederum $= 0$ und später negativ werden. Den Winkel α' bestimmt man aus

$$3\sin\alpha'\cos\alpha' = \alpha',$$

und findet hieraus $\alpha' = 65^\circ 70'$, also einen ziemlich bedeutenden Winkel, bis auf welchen die Normalkräfte positiv bleiben. Wie man aus dieser Uebersicht sehen kann, hat jeder Streifen eines Kuppelgewölbes die gröfsste Aehnlichkeit mit einem Kreisbogen, auf welchem eine Stirnmauer lastet, und der weitere Verlauf der Rechnungen legt für diese Ansicht den besten Beweis ab.

Die Spannung $T_{(\alpha)}$ findet man aus der Formel

$$T_{(\alpha)} = \frac{1}{\cos\alpha}(C + \int N \sin\alpha),$$

worin aber C ebenfalls $= 0$ ist, folglich zus

$$T_{(\alpha)} = \frac{1}{\cos\alpha} \int N \sin\alpha.$$

Substituirt man für $\int_0^\alpha N \sin\alpha$ seinen Werth $-\frac{1}{2} br \sin\alpha \cos^2\alpha + \frac{1}{2} br\alpha \cos\alpha$, so wird

$$T_{(\alpha)} = \tfrac{1}{2} br (\alpha - \sin\alpha \cos\alpha),$$

also bei $\alpha = 90^0$

$$T = br \frac{\pi}{4}$$

und bei $\alpha = \alpha'$

$$T_{(\alpha')} = \tfrac{1}{2} br (\alpha' - \sin\alpha' \cos\alpha') = br \sin\alpha' \cos\alpha'.$$

Mittelst der Spannung findet man den Druck, welchen die Steine in der Fuge α unterhalb α' auszuhalten haben, grade wie in §. 29. aus $T_{(\alpha)} + \left(\int_0^\alpha N \cos\alpha\right) \sin\alpha - \left(\int_{\alpha'}^\alpha N \sin\alpha\right) \cos\alpha + \left(\int_0^{\alpha'} N \cos\alpha\right) \operatorname{ctg}\alpha' \cos\alpha$. Um diesen Werth zu bestimmen führe man zuvor noch für die Masse des Streifens bis α die Bezeichnung Q ein, also $Q = \int_0^\alpha br \sin\alpha d\alpha = br(1 - \cos\alpha)$, und setze den Bogen bis $\alpha' = Q' = br(1 - \cos\alpha')$, so bekommt man $\int_0^{\alpha'} N \cos\alpha = br\left(\frac{\sin^2\alpha' \cos\alpha}{2} - \cos\alpha' - \frac{1}{2}\alpha' \sin\alpha' + 1\right) = Q' - T_{(\alpha')} \sin\alpha'$, $\int_{\alpha'}^\alpha N \cos\alpha = br(\frac{1}{2} \sin^2\alpha \cos\alpha - \cos\alpha - \frac{1}{2}\alpha \sin\alpha - \frac{1}{2} \sin^2\alpha' \cos\alpha' + \cos\alpha' + \frac{1}{2}\alpha' \sin\alpha') = Q - Q' - T_{(\alpha)} \sin\alpha + T_{(\alpha')} \sin\alpha'$, demnach $\int_0^\alpha N \cos\alpha = Q - T_{(\alpha)} \sin\alpha$, ferner $\int_{\alpha'}^\alpha N \sin\alpha = br(-\frac{1}{2} \sin\alpha \cos^2\alpha + \frac{1}{2}\alpha \cos\alpha + \frac{1}{2} \sin\alpha' \cos^2\alpha' - \frac{1}{2}\alpha' \cos\alpha') = T_{(\alpha)} \cos\alpha - T_{(\alpha')} \cos\alpha'$. Wenn man diese Werthe in die Formel für den Normaldruck setzt, so ergiebt sich derselbe $= T_{(\alpha)} + Q\sin\alpha - T_{(\alpha)}\sin^2\alpha - T_{(\alpha)}\cos^2\alpha + T_{(\alpha')}\cos\alpha'\cos\alpha$ $+ Q'\operatorname{ctg}\alpha'\cos\alpha - T_{(\alpha')}\cos\alpha'\cos\alpha$ oder

$$\text{Normaldruck} = Q\sin\alpha + Q'\operatorname{ctg}\alpha'\cos\alpha.$$

Sofern $\alpha = \alpha''$ innerhalb 0 und α' liegt, geht $Q\sin\alpha$ in $Q''\sin\alpha''$ und $Q'\operatorname{ctg}\alpha'\cos\alpha$ in $Q''\operatorname{ctg}\alpha''\cos\alpha''$ über, da sich ja auch der zusammenbleibende Bogen verkleinert, und man bekommt

$$\text{Normaldruck} = \frac{Q''}{\sin\alpha''},$$

wie es der Keil erfordert, den jetzt das ganze Gewölbe darstellt. Bei $\alpha = 90^0$ stellt sich die Gleichung für den Schutz der Steine auf

$$r\,.\,\frac{\pi}{4} = \frac{D}{66\,g},$$

also für Ziegelsteine $r = 73{,}6\,.\,\frac{4}{\pi} = 93{,}7$ rheinl. Fuſs,

- Sandsteine $r = 143{,}5\,.\,\frac{4}{\pi} = 182{,}6$ - -

dies giebt die gröſsten Spannweiten, die bisher vorgekommen sind.

§. 45.

Das Ausgleiten eines Kuppelgewölbes.

Ein Bogen, dessen Endwinkel zwischen 0 und α' liegt, kann nach den obigen Angaben nicht ausgleiten; deshalb genügt es sein Bestreben zum Ausgleiten bei einem tiefern Winkel α zu bestimmen. Die auf die Fuge senkrecht wirkenden Kräfte sind nach dem vorigen §. $= Q\sin\alpha + Q'\operatorname{ctg}\alpha'\cos\alpha$ und verursachen eine Reibung $= \mu\,[Q\sin\alpha + Q'\operatorname{ctg}\alpha'\cos\alpha]$; die der Fuge parallel treibenden Kräfte betragen dagegen

$$-\left(\int_{\alpha'}^{\alpha} N\sin\alpha\right)\sin\alpha + \left(\int_{0}^{\alpha'} N\cos\alpha\right)\operatorname{ctg}\alpha'\sin\alpha$$
$$-\left(\int_{0}^{\alpha} N\cos\alpha\right)\cos\alpha:$$

substituirt man hierin die schon angegebenen Werthe, so erhält man ihre Wirkung $= -T_{(\alpha)}\cos\alpha\sin\alpha + T_{(\alpha')}\cos\alpha'\sin\alpha + Q'\operatorname{ctg}\alpha'\sin\alpha - T_{(\alpha')}\cos\alpha'\sin\alpha - Q\cos\alpha + T_{(\alpha)}\sin\alpha\cos\alpha = Q'\operatorname{ctg}\alpha'\sin\alpha - Q\cos\alpha$. Wenn demnach kein Ausgleiten des Kuppelelements erfolgen soll, so mufs

$$\mu[Q\sin\alpha + Q'\operatorname{ctg}\alpha'\cos\alpha] > Q'\operatorname{ctg}\alpha'\sin\alpha - Q\cos\alpha$$

sein, oder

$$\mu > \frac{Q'\operatorname{ctg}\alpha'\sin\alpha - Q\cos\alpha}{Q\sin\alpha + Q'\operatorname{ctg}\alpha'\cos\alpha}.$$

Da $Q'\operatorname{ctg}\alpha' = br(1-\cos\alpha')\operatorname{ctg}\alpha' = 0{,}26783\,br$ ist, so giebt diese Formel

1) bei $\alpha = 90^0$, $\mu > 0{,}268$,
2) - $\alpha = 85^0$, $\mu > 0{,}201$,
3) - $\alpha = 80^0$, $\mu > 0{,}140$,
4) - $\alpha = 70^0$, $\mu > 0{,}038$,

so dafs wenigstens bis auf $\alpha = 80^0$ sicher kein Ausgleiten zu befürchten ist.

§. 46.

Die Stärke der Widerlage bei einem Kuppelgewölbe.

I. Beim Gleiten der Widerlage in einer horizontalen Fuge, die um k unter dem Ende des Bogens liegt, beträgt der Druck $wk + Q$, die Reibung $\mu(wk+Q)$; die horizontal wirkenden Kräfte sind $= T_{(\alpha)}\cos\alpha - \int_{\alpha'}^{\alpha} N\sin\alpha + \int_0^{\alpha'} N\cos\alpha\operatorname{ctg}\alpha' = T_{(\alpha)}\cos\alpha - T_{(\alpha)}\cos\alpha + T_{(\alpha')}\cos\alpha' + Q'\operatorname{ctg}\alpha' - T_{(\alpha')}\cos\alpha' = Q'\operatorname{ctg}\alpha'$. Hiernach gilt gegen das Ausgleiten die Bedingungsgleichung

$$\mu(wk+Q) > Q'\operatorname{ctg}\alpha'$$

oder

$$w > \frac{Q'\operatorname{ctg}\alpha' - \mu Q}{\mu k}.$$

Ein gröfserer Werth für μ als 0,268 macht den Zähler negativ, also das Ausgleiten unmöglich.

II. Den Umsturz der Widerlage bedingen wegen der durchaus ähnlichen Verhältnisse grade dieselben Kräfte, welche

§. 31. vorkommen; läfst man demnach nur das Glied fort, welches dort von der auf der Widerlage selbst lastenden Steinmauer herkommt, so kann man unmittelbar die nachstehende Bedingungsgleichung entlehnen

$$wk.\frac{w}{2}+T_{(\alpha')}\frac{b}{2}+Q\left(w-\frac{b}{2}\right)+QG$$
$$=Q'\operatorname{ctg}\alpha'.k-(r-H)Q'\operatorname{ctg}\alpha'+\left(\frac{Q'}{\sin\alpha'}+T_{(\alpha)}-T_{(\alpha')}\right)r$$

oder auch, wenn man die halbe mittlere Spannweite $G = r\sin\alpha$ und $r-H = r\cos\alpha$ setzt, worin H die mittlere Höhe,

$$wk.\frac{w}{2}+Q\left(w-\frac{b}{2}\right)+T_{(\alpha')}\frac{b}{2}$$
$$=Q'\operatorname{ctg}\alpha'.k+\left(\frac{Q'}{\sin\alpha'}-Q'\operatorname{ctg}\alpha'\cos\alpha-Q\sin\alpha+T_{(\alpha)}-T_{(\alpha')}\right)r.$$

Dies giebt bei $\alpha = 90°$

$$wk.\frac{w}{2}+Q\left(w-\frac{b}{2}\right)+T_{(\alpha')}\frac{b}{2}$$
$$=Q'\operatorname{ctg}\alpha'.k+\left(\frac{Q'}{\sin\alpha'}-Q+T_{(\alpha)}-T_{(\alpha')}\right)r,$$

und bei $\alpha = \alpha''$, wo α'' innerhalb 0 und α' liegt,

$$wb.\frac{w}{2}+Q''\left(w-\frac{b}{2}\right)+T_{(\alpha'')}\frac{b}{2}$$
$$=Q''\operatorname{ctg}\alpha''.k+\left(\frac{Q''}{\sin\alpha''}-Q''\operatorname{ctg}\alpha''\cos\alpha''-Q''\sin\alpha''+T_{(\alpha'')}-T_{(\alpha'')}\right)r$$

oder

$$wk.\frac{w}{2}+Q''\left(w-\frac{b}{2}\right)+T_{(\alpha'')}\frac{b}{2}=Q''\operatorname{ctg}\alpha''.k.$$

Zur Uebersicht über die Resultate und zur Vergleichung mit den frühern Formeln setze man $G = 10$, $b = 2$, so ist

1) bei $G = H$, wo $\alpha = 90°$ und $r = 10$,
   für $k = 10$, $w = -2+\sqrt{19{,}0391} = 2{,}363$,
   - $k = \infty$, $w = \sqrt{10{,}7132} = 3{,}273$;

2) bei $G = 0{,}8 H$, wo $\alpha = 77^\circ, 19'$, Bogen $\alpha = 1{,}3494$ und $r = 10\frac{1}{4}$,

für $k = 10$, $w = -1{,}65 + \sqrt{15{,}7330} = 2{,}316$,

- $k = \infty$, $w = \sqrt{10{,}9810} = 3{,}314$;

3) bei $G = 0{,}6 H$, wo $\alpha = 61^\circ, 56'$, Bogen $\alpha = 1{,}0809$ und $r = 11\frac{1}{3}$,

für $k = 10$, $w = -1{,}4667 + \sqrt{15{,}4102} = 2{,}460$,

- $k = \infty$, $w = \sqrt{11{,}7333} = 3{,}426$.

Die Formel giebt die kleinsten Widerlagen, die unter entsprechenden Verhältnissen bisher vorgekommen sind. Nimmt man die obigen Resultate hinzu, so besitzt das Kuppelgewölbe unter allen Gewölbarten bei sonst gleichen Umständen die gröfsste Stabilität.

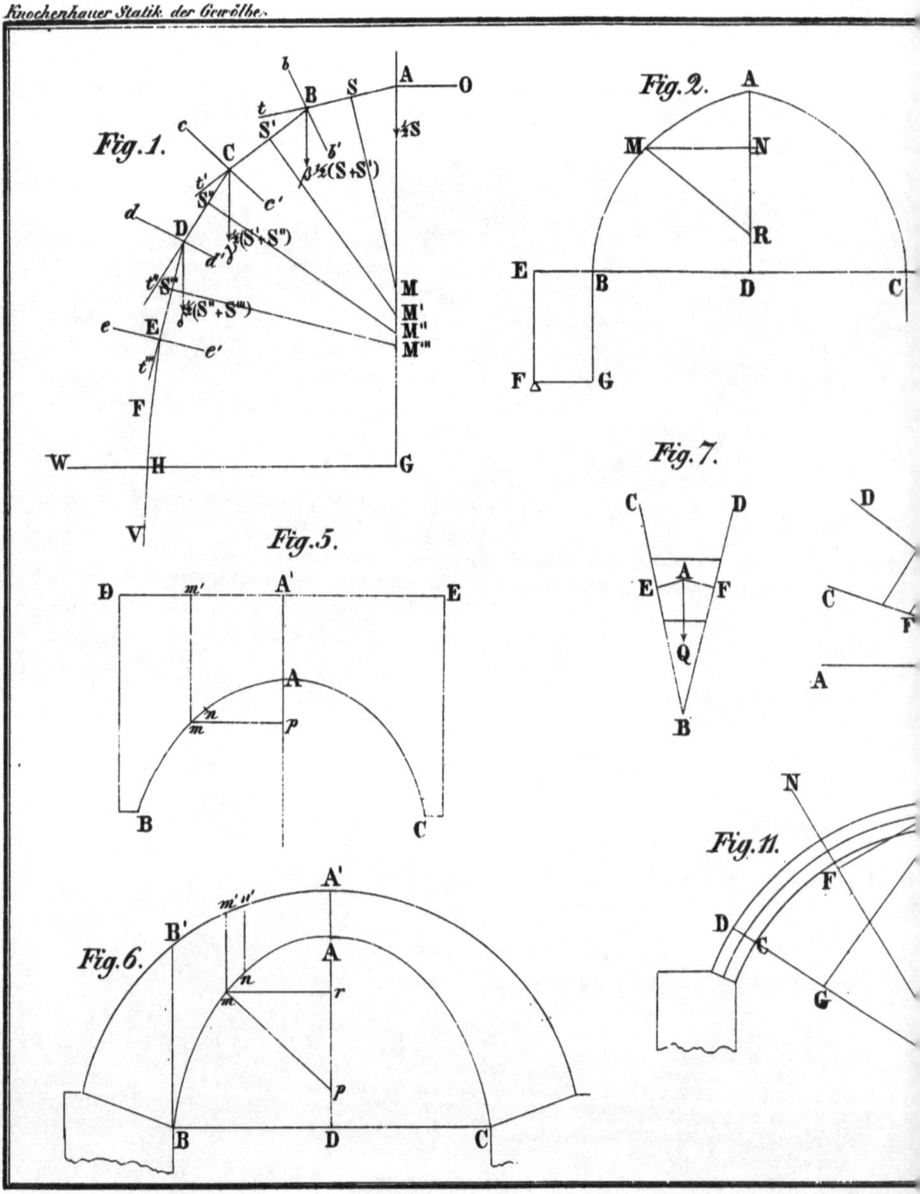
Fig. 1.
A
O
B
S
b
t
S'
½S
c
C
b'
β ½(S+S')
t'
S"
c'
d
D
½(S'+S")
d'
γ
t"
S'"
M
M'
½(S"+S'")
δ
M"
e
E
e'
M'"
t'"
F
W
H
G
V
Fig. 2.
A
M
N
R
E
B
D
C
F
G
Fig. 5.
D
m'
A'
E
A
n
m
p
B
C
Fig. 6.
A'
m'
n'
B'
A
n
m
r
p
B
D
C
Fig. 7.
C
D
A
E
F
Q
B
D
C
F
A
N
Fig. 11.
F
D
C
G

TAF. I.

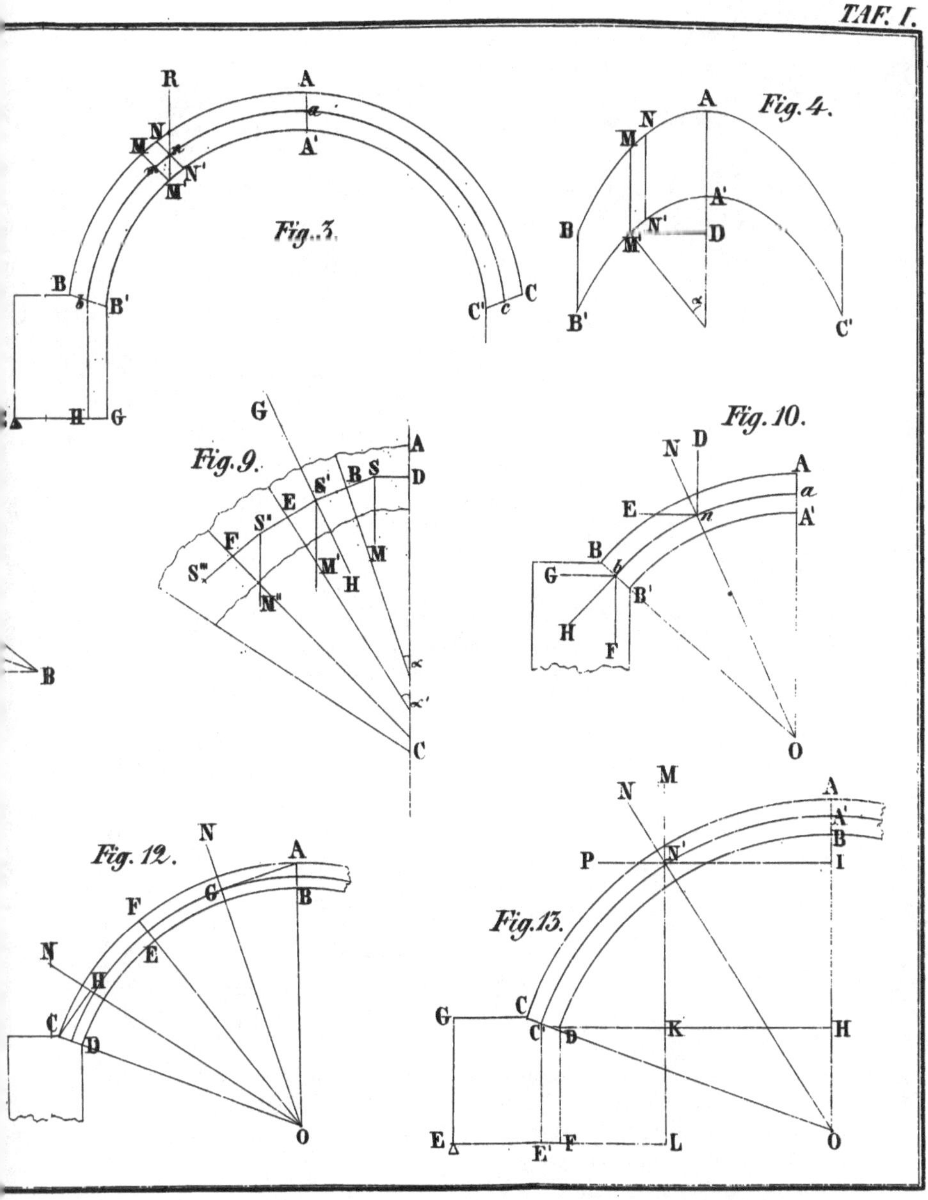

Fig. 14.

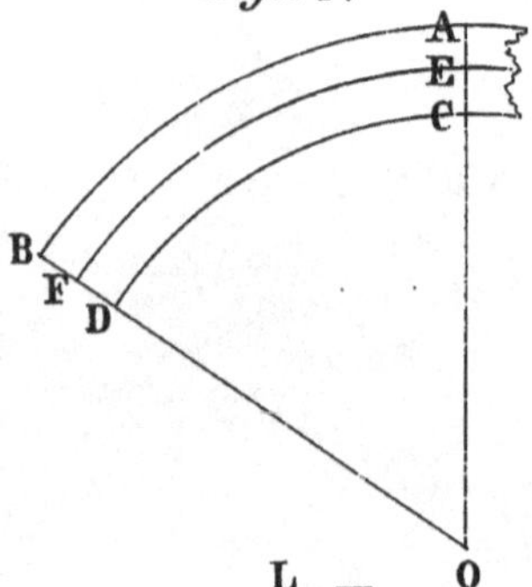

Fig. 15.

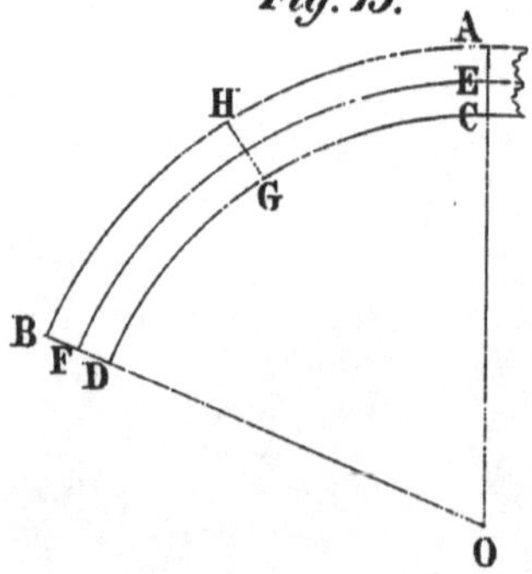

Fig. 19.

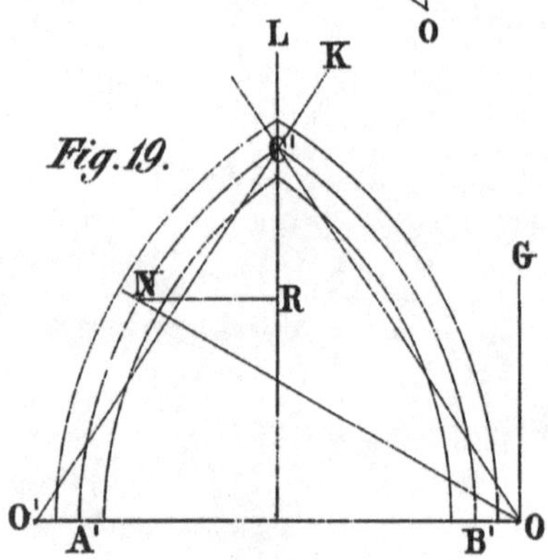

Fig. 20.

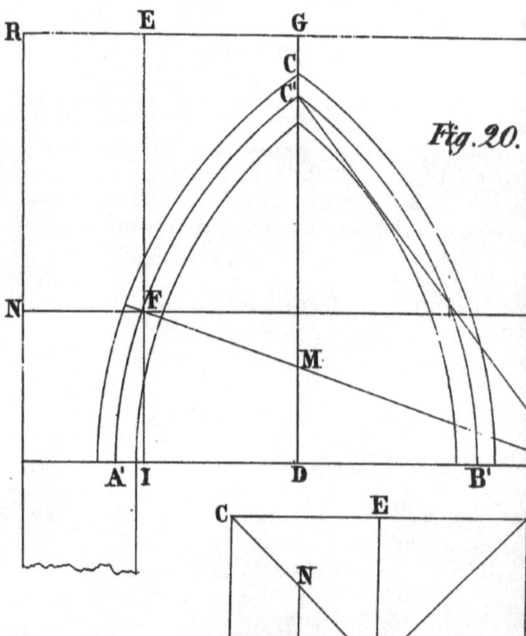

Fig. 21.

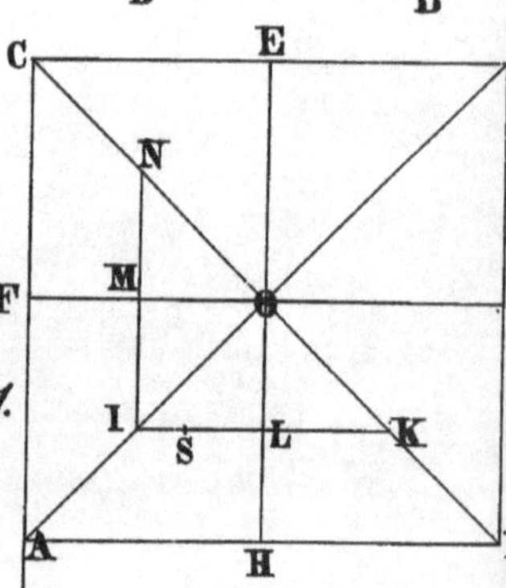

Fig. 22.

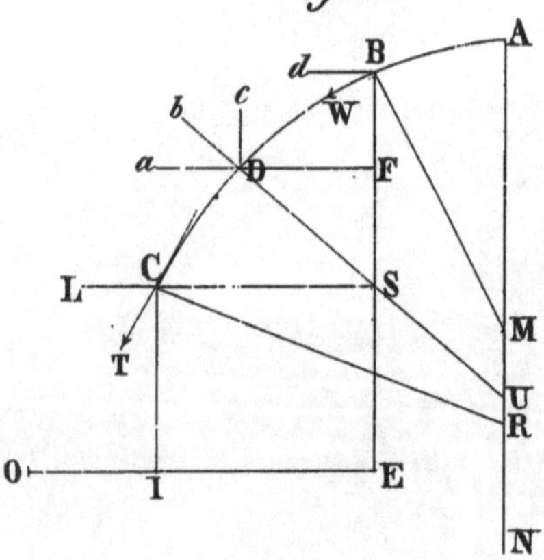

Fig. 16.

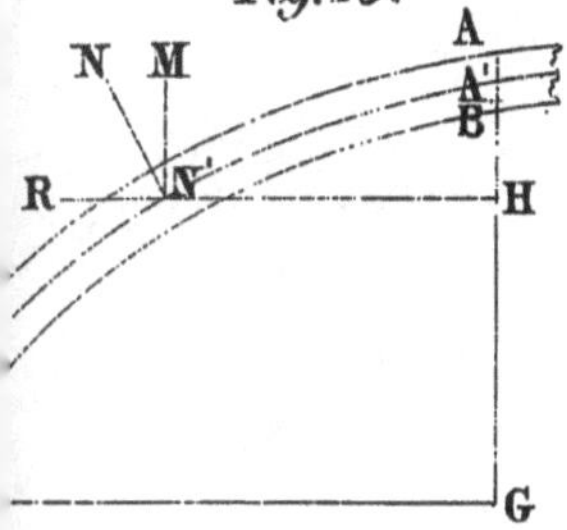

Fig. 18.

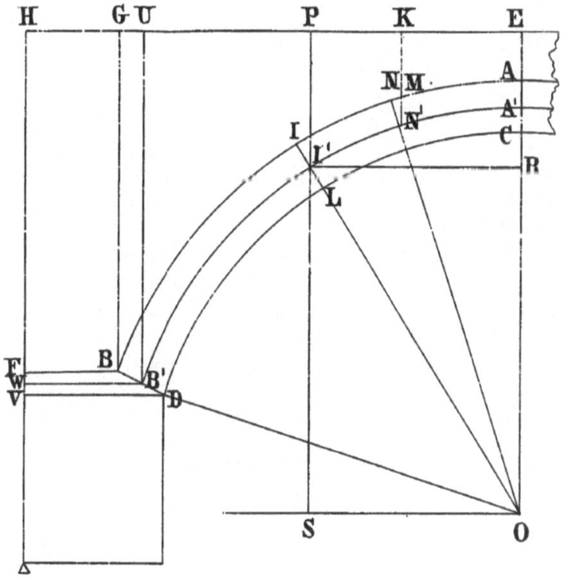

Fig. 17.

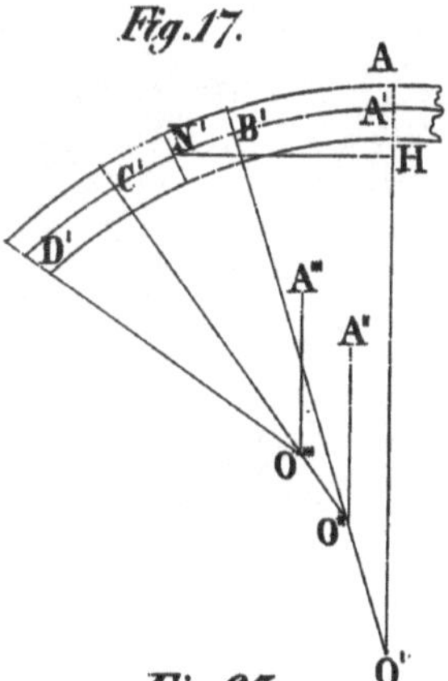

Fig. 24.

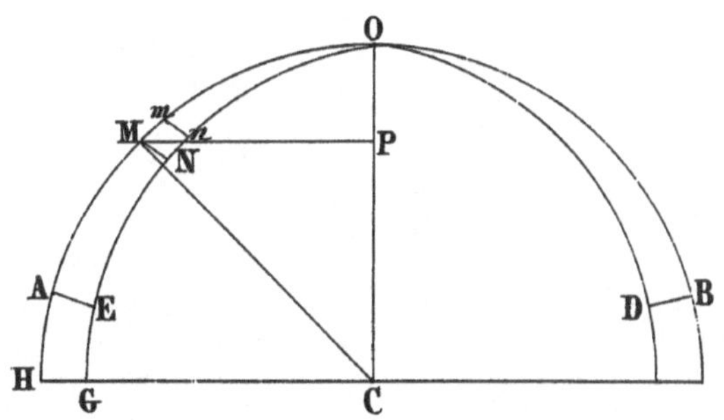

Fig. 23.

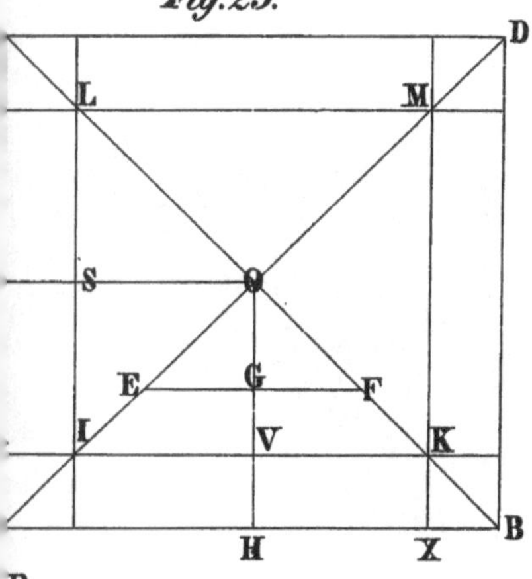

FSC
www.fsc.org
MIX
Papier | Fördert gute Waldnutzung
FSC® C083411

Zeitfracht Medien GmbH
Ferdinand-Jühlke-Straße 7
99095 Erfurt, Deutschland
produktsicherheit@kolibri360.de